陈卫新 编

中国室内设计大系Ⅱ
9

辽宁科学技术出版社
沈阳

目录

办公

会所

CLUB

娱乐
休闲

ENTERTAINMENT LEISURE

地产

REAL ESTATE

CONTENTS

NANJING MEETING WITH RESTAURANT

南京小米餐厅

设计单位：上瑞元筑设计顾问有限公司

设　　计：范日桥

参与设计：朱希

面　　积：350 m²

主要材料：老木板、钢板、水泥

坐落地点：南京金鹰国际购物中心

项目空间设计与所在基地的整体国际化调性高度协调，又因其工业美学手法呈现的 LOFT 意向，焕发出其独特的个性魅力。整体简约、低调的理性基调中，由于涂鸦的大面积展现和各空间结构连接的巧思精细，以及家具橘红、绿色的跳跃，得到了活化与生动。

在材料、材质、材料美学的运用中，突出了其本身所蕴含的精神导向，既有精致光洁也有粗粝原始，既有斑驳悠远也有清雅飘逸。在整体的理性基调中包含了丰富微妙的感性诉求——一个意味深长的国际化高品质的亲和感餐饮空间。

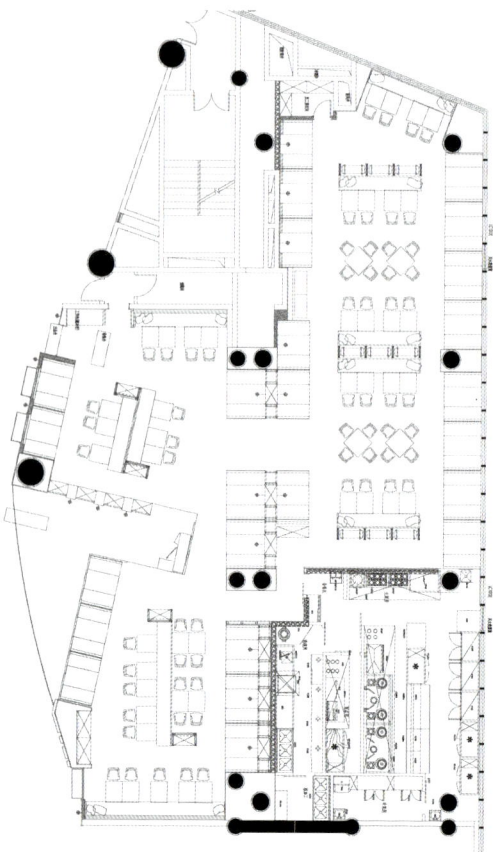

左1: 浓郁生活气息让食客更具亲近感

右1、右2:细部展示

右3：空间透视

左1：跳跃的色彩活化了空间
右1、右2：大面积的涂鸦展现让空间愈加生动
右3：工业元素的融入焕发出其独特魅力

多伦多海鲜自助餐厅徐州金鹰店

设计单位：上瑞元筑设计顾问有限公司
设　　计：孙黎明
参与设计：耿顺峰、高沛林
面　　积：863 m²
主要材料：铁板、小木条、马赛克
坐落地点：徐州金鹰人民广场购物中心

无论空间尺度与陈设风格及色彩搭配，无不贴合"美式庄园之家"场景，丰富而秩序井然的各空间元素，在彰显品质感的同时，亦为目标群创造出充满野趣的豁然亲和感。材料运用以理性敦厚的金属为背景，通过红黄蓝绿不同材质的色彩跳跃进行了巧妙调和，而对节奏感的把控在每一个功能空间均有张弛有度的精妙表现。所有陈设元素的选择与布设及光系统运用，都突出了鲜活感与生活化。

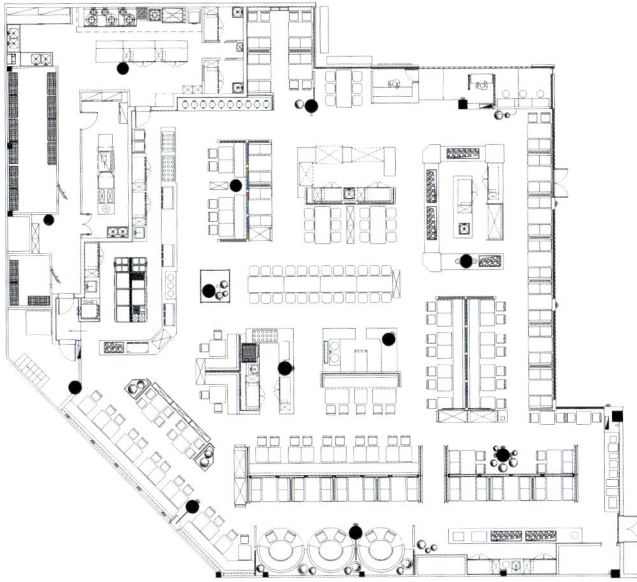

左1、左3:美式风格的门头设计
左2、左4: 空间充满野趣的豁然亲和感
右1：生活化的细部
右2：丰富的各空间元素秩序井然

左1：长条餐桌

左2、左3：红黄蓝绿不同材质的色彩跳跃

右1、右2：餐厅空间

MIKAMI JAPANESE FOOD
三上日料

设计单位：杭州观堂设计
设　　计：张健
面　　积：340 m²
主要材料：木格栅
坐落地点：杭州
完工时间：2014.12
摄　　影：刘宇杰

三上日料每家店铺都拥有不同的设计风格，杭州万达店定位为禅境，选材上主要
采用了木格栅，吧台吊顶、背景墙、卡座区域隔断、包厢移门、外立面都采用木
格栅一贯到底。
为与暖意木色相映衬，地面、吊顶、吧台面、墙面、餐椅面都选用了冷酷的黑色，
如黑色地砖、黑色皮质、黑色吊顶。

左1、右1:吊顶、背景墙、移门、隔断等都采用木格栅一贯到底
右2、右3: 用冷酷的黑色与暖意木色相映衬

左1：操作台

左2、左3：包间

右1：浓郁的日式风格

戈雅法餐厅武汉光谷店

GOYA FRENCH STYLE RESTAURANT WUHAN GUANGGU BRANCH

设计单位：后象设计师事务所
设　　计：陈彬
参与设计：任少坤、周翔
面　　积：600 m²
主要材料：高光漆板、大理石、艺术玻璃、皮革、玫瑰金、地毯
坐落地点：武汉珞瑜路766号世界城广场
摄　　影：吴辉

戈雅法餐厅的空间设计一直追求多角度展现独特的法国饮食文化，光谷世界城的设计又是一例，以现代的手法展示法国多元饮食文化，配合戈雅精美的法餐出品，增强客户体验的设计作品。

光谷世界城店采用重释经典和时尚的设计手法，空间以当代时尚的风格为主导，实木高光的灰色漆板，玫瑰金的装饰架体及重新演绎的木质高光法式柱体，再配以圆形现代的收银台及具有建筑趣味的收纳空间，都能感受到法国餐饮文化里浪漫而丰富的时尚特性，符合世界城的商业定位及品牌的市场需求。艺术陈设上，部分选用了复古的相框、古典灯具、怀旧的日用品及书籍、配饰，让新与旧的情感在这里交融。他们的对话仿佛在诉说着时代的更迭，哪些是我们需要缅怀的，哪些是我们需要尝试改变和包容的。有活的观点的表达、沟通与尝试，空间的意义就在于此，戈雅法餐厅的精神也在于此。

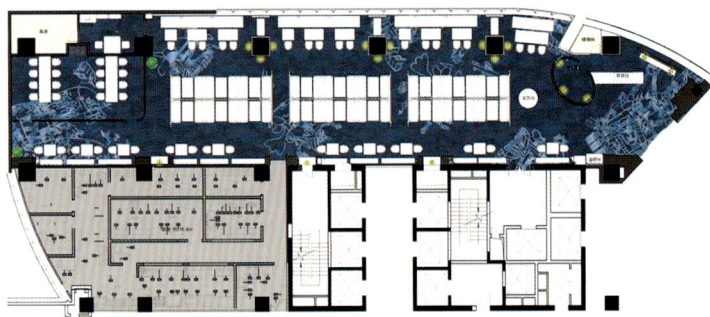

左1：特别的光影效果
右1、右2、右4：密集的复古相框墙
右3：空间一角
右5、右6：实木高光的灰色漆板配以玫瑰金的装饰架体

左1：深蓝色的地毯
右1、右2：古典灯具

HULUDAO FOOD HOUSE RESTAURANT

葫芦岛食屋私人餐厅

设计单位：大连纬图建筑设计装饰工程有限公司
设　　计：赵睿
参与设计：燕群
面　　积：2101 m²
主要材料：片岩石、松木
坐落地点：辽宁葫芦岛市
摄　　影：杨戈

"食屋"前身是作为餐厅对外营业，其建筑样式为典型七八十年代复古建筑风格，所在地理位置相对优越，视野开阔，窗外直面无边海景。该项目业主委托的主要期许是对建筑外观重新进行修整和提炼，建筑应结合新的功能要求，对周边环境有所回应，做到室内外形成统一的气质，让建筑更好地融入到环境中。

"食屋"定位为私人会所，供主人和亲友在此聚会用途，并不考虑对外商业用途。所以无需刻意去迎合众人口味，这也为设计者提供了一个相对自由的空间来进行"过程式"的创作和自我情绪彻底的释放。当然，基于设计者足够扎实的实践功力，一切却似乎尽在掌控之中。如由稻草元素所导演的空间，设计者尝试把"稻草"具备的基本精神置换成一种空间构筑语言融入到整个空间的叙事中去，进而出现了入口前厅的"稻草"装置，以及在每个空间节点的墙身和天花上延续的不规则木条肌理。希望基于这样的装置节点设计及同种形式三维式地铺开，再加上设计者的现场即兴创作成分，使得空间创作的边界得到了一定程度上的延伸，多了些艺术创作的未知性和探索性。

设计之前，必须观念在先，观念是看似零碎的若干想法，在人的意识逻辑的编织下，它们建立起某种内在的关联性，彼此合作，共同发力来形成一个完整的和谐状态。中国传统观念中人们对于"手艺"的信仰和推崇甚为显著，"手艺"并不意味着带有"匠气"味或是指向因循守旧的某类技术层面。实际上它宣扬一种精神，那就是对日常唾手可得的物品价值的探索和挖掘过程，最终让它们产生一种新的结构关系。设计者试图触及这种状态，在"食屋"空间中的具体体现便是极具差异性的物件与空间的共融。与木色反差较大的玻璃工艺灯，路边捡来的枯枝和食用后的贝壳等物件经现场再创作形成的立体浮雕墙，包括桌上的白色碟子和透明高脚杯，市场上淘来的小葫芦等，空间里的一切物件呈现出一种透气的整体感。很显然，重要的不是单个物件本身，而是深植于设计者脑中并且不断深化的"空间观念"。

每个设计项目最终所呈现出的结果只是设计师当时真实状态的一个浓缩和阶段性体现，时间在推进，观念也在生长。设计师只有在实践的过程中保持开放的思维状态并且不断地进行自我思辨的情况下，保持诚恳，才有机会实现富有温度和生命力的作品。

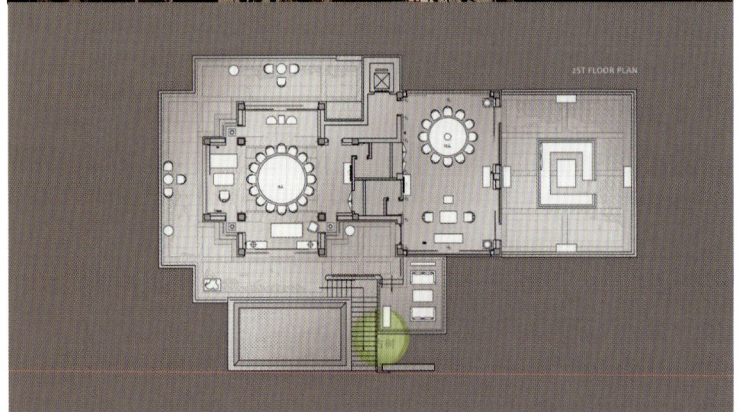

左1、右1：直面海景
右2：捡来的枯枝和食用后的贝壳等物件经再创作形成的立体浮雕墙
右3：台阶

左1、左2：墙身和天花上延续的不规则木条肌理
右1：包间
右2：大厅

余杭粤鲜坊

YUHANG GUANGDONG
SEAFOOD RESTAURANT

设计单位：王海波设计事务所
设　　计：王海波
参与设计：何晓静、高奇坚
面　　积：2500 m²
主要材料：仿旧花岗岩、毛竹、竹板、青砖、角钢、不锈钢、玻璃
坐落地点：杭州余杭临平

夏夜，萤火虫漫天轻舞、流水叮咚、竹影摇曳，营造的不只为享用美食时的那一刻心境，更带回久远的乡村记忆。餐厅兼顾早茶、中餐及婚宴功能，用现代的手法、质朴的材料营造浪漫温馨的主题餐厅。

左1、右1、右3：弯曲木条构筑的长廊
左2、右2：竹子隔断

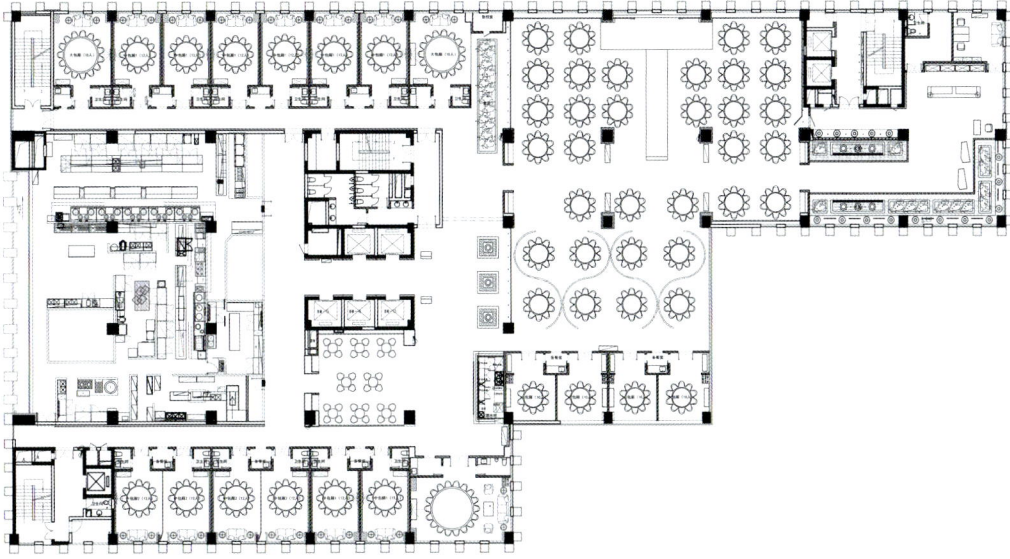

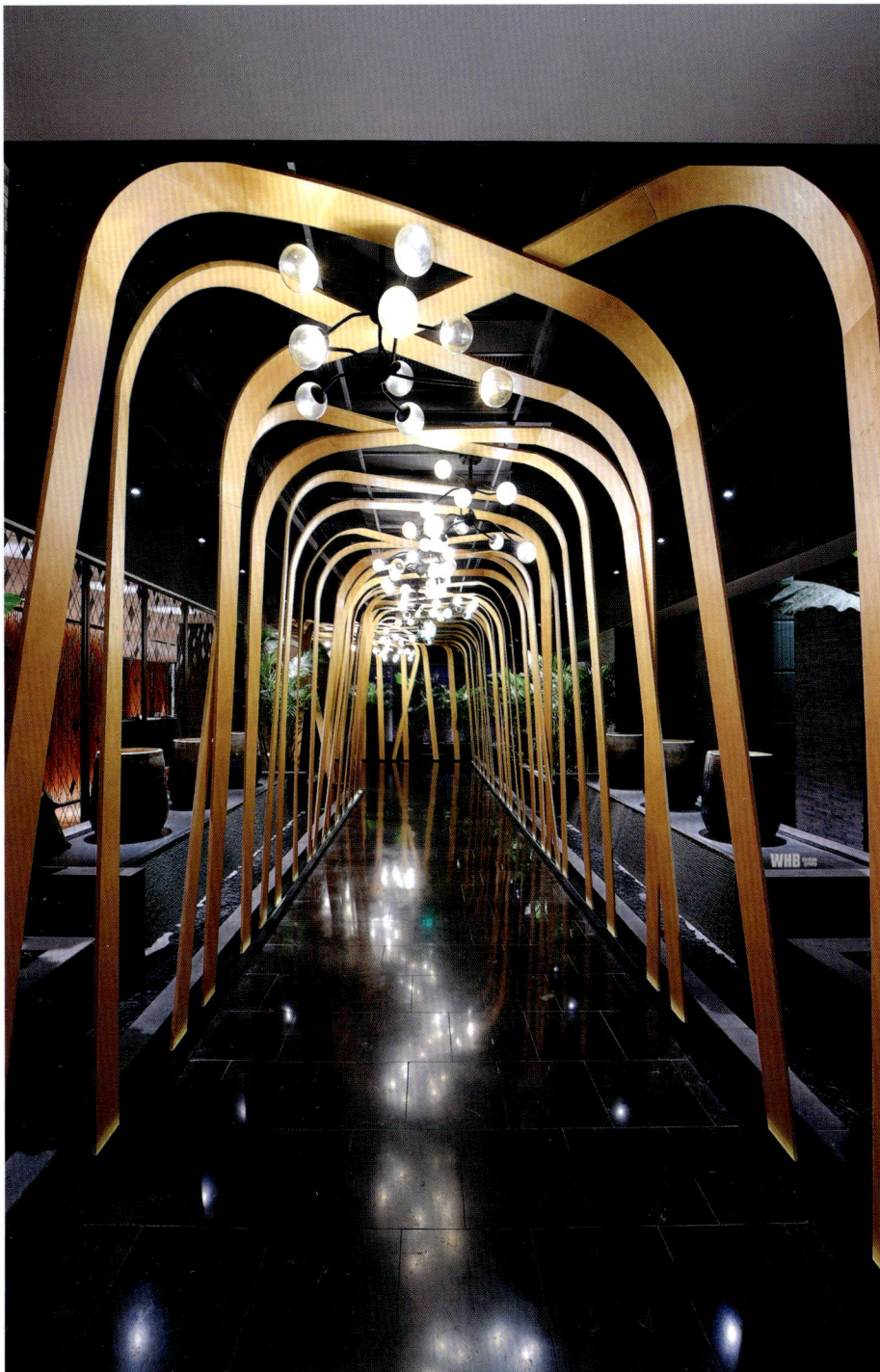

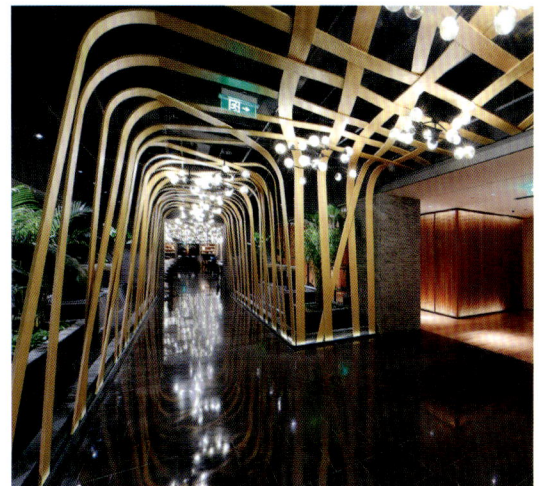

左1：大堂

左2：包间内充满野趣的顶面装置

右1、右2：隔断制造出有趣的光影效果

JUNGLE 8 SKEWERS

小珺柑串串香

设计单位：北京瑞普设计有限公司
设　　计：田军
参与设计：林雨、全洪波
面　　积：300 m²
主要材料：彩漆木板、水泥、红砖白涂料、室外仿古地砖
坐落地点：北京市青年路华纺第一城27号院
完工时间：2014.09

我们相信好的设计本身，并不是为了让我们变得深刻，更不是让我们变得虚荣，而恰恰是恢复我们儿时的天真，天真的人，才会有勇气无穷无尽的追问关于这个世界的道理。

串串香是成都街边经久不衰的草根美食，它的魅力来源于麻辣沸腾的锅底和朴素不造作的地摊环境，围绕着朴素和真诚以及那些疯狂热爱串串香的80、90后，我们大量使用曾经存在和消逝的物件，努力呈现出他们儿时的记忆：那些颓败不堪的旧窗，早已不见踪迹的电线杆，报废的自行车钢圈，总盼着下雨才能穿的雨靴，小时候做作业时坐的小板凳。这一切熟悉而又陌生的物件，褪尽了火气和油滑，散发着久违不见的真诚，而传统餐饮空间建筑材料的缺失，让我们安全地避开了都市生活的紧张和焦虑，轻松自在，毫不紧张地存在着。

小珺柑串串香，可以用青春来结账的串串香。

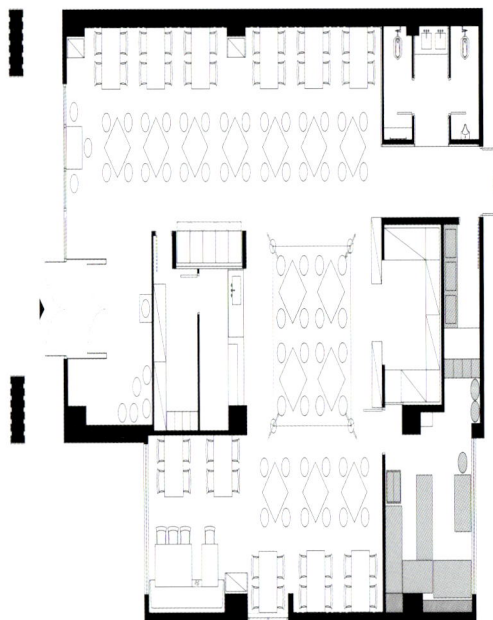

左1：餐厅入口处
右1：天真的雕塑

左1、左2、左3: 报废的自行车钢圈、下雨才能穿的雨靴、做作业的小板凳，都勾起儿时的回忆

左4、右1: 早不见踪迹的电线杆散发着久违不见的真诚

U鼎冒菜馆

U-DING MAOCAI RESTAURANT

设计单位：深圳市华空间设计顾问有限公司
设计：熊华阳
面积：120 m²
主要材料：红砖、清水泥、地板
坐落地点：北京大峡谷
摄影：吴辉

作为川西平原最具风味特色美食，如春笋般一夜间遍布了全国各地，其受欢迎程度不想而知，有别于火锅的冒菜以快速、便捷、实惠、美味四大特点赢得了大众的青睐。冒菜就是一个人的火锅，火锅就是一群人的冒菜，其原材料不限制，以"香辣，麻辣"俘房你的味蕾。

坐落在北京的U鼎冒菜提取蕴含四川特色的元素，运用怀旧斑驳的肌理材质，以及选用现代工业感的桌椅灯具，试图用材质碰撞来一场时空对话，而红砖水泥地元素与其产生反差，营造出视觉冲击，并通过融入黑板手绘等细节设计，使设计折射出一种韵味，一种情趣，增强设计的亲和力和文化民族特色。

本案以提取巴蜀元素的四川居民为设计点并出发延伸，将规整的空间划分成相互呼应具有特色的区域。以餐厅里长桌区域为中心形成一个环形的动线，配合材质上的碰撞，红砖水泥地怀旧的元素和工业感强烈的灯具家具带来极具视觉冲击力的表现。

左1、右1：怀旧斑驳的肌理材质
右2：黑板手绘
右3、右4：桌椅灯具具有现代工业感

左1、左2：空间划分成相互呼应的区域

右1：红砖水泥地

WILLOW RESTAURANT

问柳菜馆

设计单位：南京名谷设计机构

设　　计：潘冉

软装设计：蜜麒麟陈设组

面　　积：1439 m²

主要材料：瓦片、白灰泥、竹、砖细

坐落地点：南京老门东历史街区内

摄　　影：金啸文

昔日秦淮，有三家老字号的茶馆，俗称"三问"茶馆。其名分别为问渠"问渠哪得清如许，为有源头活水来"，问津"使子路问津焉"，问柳"问柳寻花到新亭"。"三问"大约建于明末清初，是文人墨客聚会、商家巨贾谈生意的常往之地。本次设计对象，恰恰是以兼制活鲜菜肴闻名的"问柳"茶馆。

现代的中国越来越重视对有历史人文价值的古建筑的维护，欣喜感动背后亦夹杂着复杂情绪。介于设计周期和市场环境的现状，当代很多此类实践如同大批量生产雷同形式的机器，为了表面的创造性，设计师往往选择把传统建筑的形式碎片贴在单调空间的形式表皮上，以表达其设计属性，看图说话般的展示设计意图。时而久之，繁采寡情，味之必厌。真正严肃的从中国传统精神出发，隐忍含蓄的使用中国式语言的作品凤毛麟角。"问柳"夸而有节，饰而不诬，恭敬的表达着空间营造者谦卑的诚意。

听雨看荷，第一重天井结合门厅设置，此处为故事的序章，洗净街市喧哗，将来客缓缓沁入建筑内部安宁的环境氛围。随着步步深入，第二重天井展现于眼前，它位于堂食厅的核心，是整栋建筑的心脏。一层空间的排布、二层包间的布置皆为围绕天井层层展开。天井的设置反映出中国风水流转的轮回思想，同时帮助建筑破除空间死角，为内部环境争取到充足的空气和光线。东西南北任何朝向空间都接受阳光沐浴，光线作用在古典建筑构造上，衍生出美妙的艺术效果。结合中心天井设置的琴台是展现地域艺术的舞台，阑珊灯光映照一池眠水，焕发出濯清涟而不妖的淡雅从容。选用了瓦片、砖细、竹节、风化榆木等当地的地域材料，最朴素的材料在当代工艺的精细研磨下，结合建筑本身的结构构造特点，对空间进行适当的润色。干净墙面摒除装饰，家具的选择与明清建筑气场匹配，每一件摆设在建筑内部都得以找到专属于它的位置。值得一提的是，这相对"空"的装饰空间里却存着满满的人文情怀。众多当代名家留下的笔绘作品、手工艺品、艺术品与建筑装饰与建筑本体紧密结合，营造出平和高尚的空间气场。时间、光线、故事在此流转融会、一气呵成。

觑百年浮世，似一梦华胥，信壶里乾坤广阔，叹人间甲子须臾。恰似那秦淮河边"三问"，眨眼间白石已烂，转头时沧海重枯。暂不问重建、移建与改建，只当把握住这短光阴，若能息得心上无名火，把酒临风，荣辱皆忘有何难处？

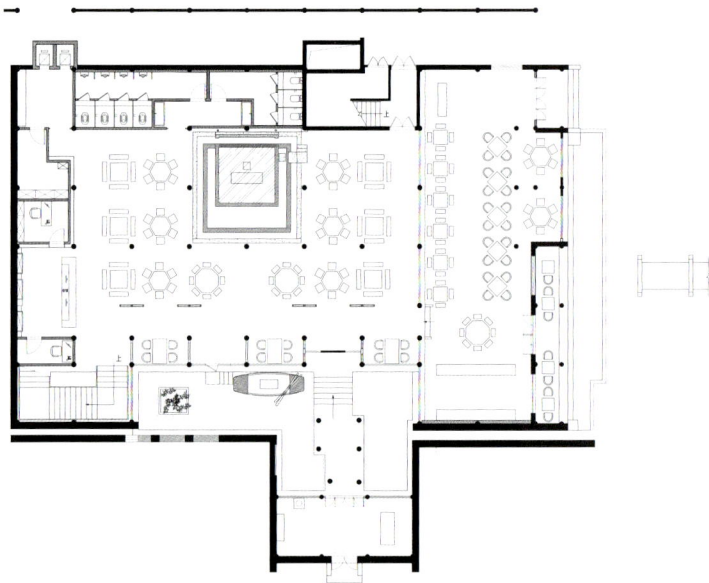

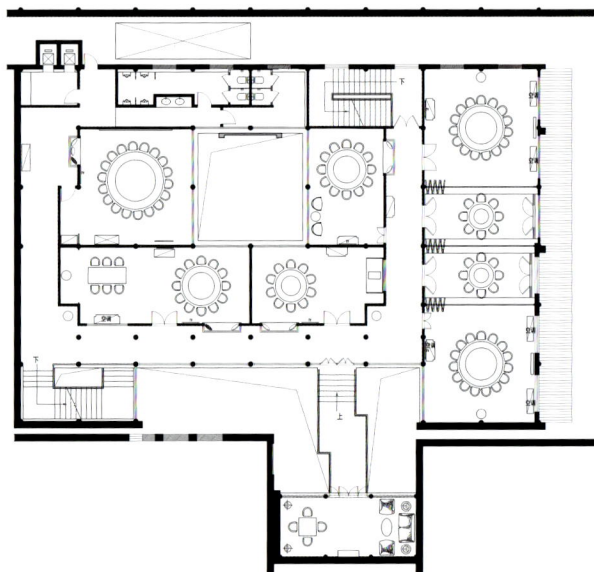

右1：天井

右2：一层服务台

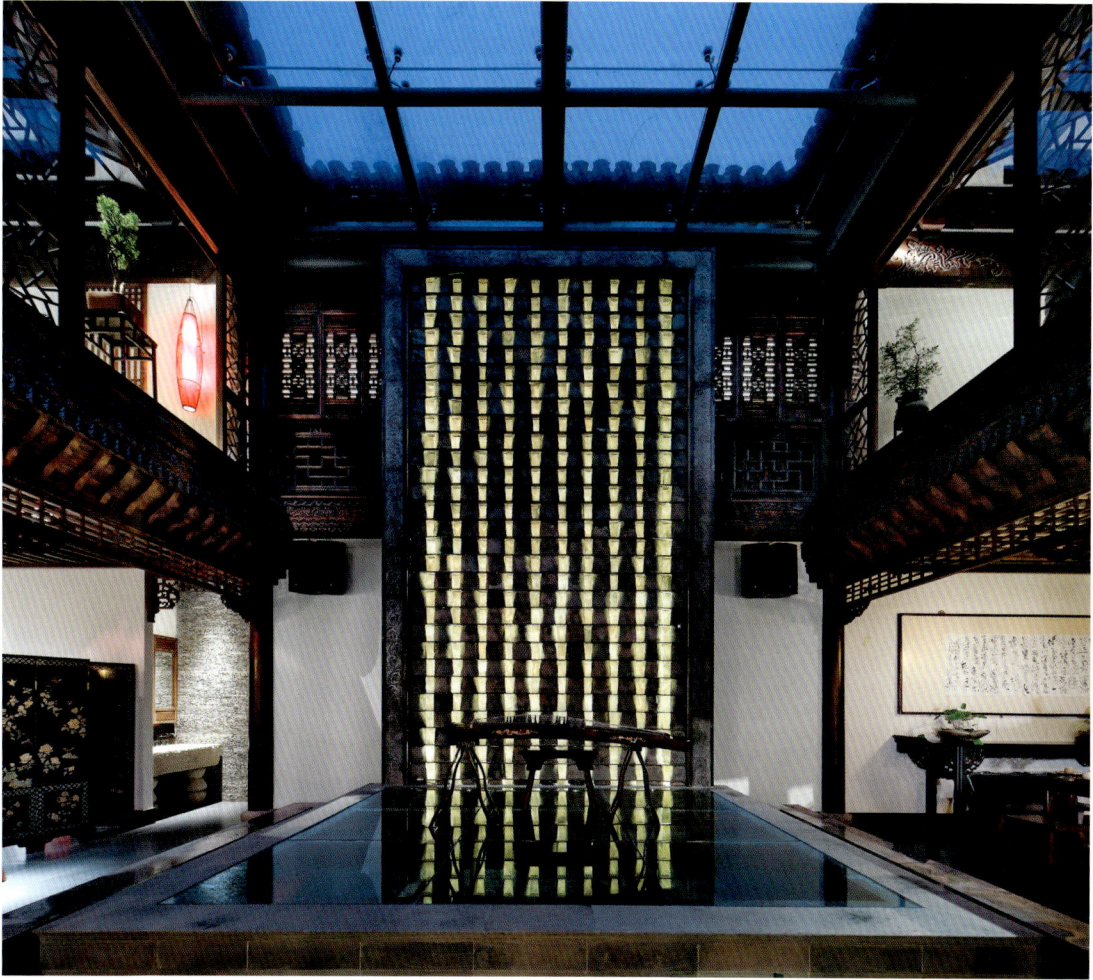

左1：茶室
左2：二层过道
右1：芥子园包间
右2：门厅局部
右3：问柳园包间
右4：白酒坊包间
右5：如厕区
右6：二层公共区

左1：茶室
左2：二层过道
右1：芥子园包间
右2：门厅局部
右3：问柳园包间
右4：白酒坊包间
右5：如厕区
右6：二层公共区

LIGHT OF TIMES RESTAURANT

时代微光

设计单位：东仓建设
设　　计：余霖
面　　积：1780 m²
主要材料：拼纹板、黑麻石材肌理面、仿岩肌理漆
坐落地点：珠海金湾区平沙镇

当我们谈论起生活与其中的填充物时，我们其实在谈论这个时代里人们的微小愿景。对于大部分人而言，他们能够从一个定性为"生活馆"的公共空间获得什么？那即是我们试图在这个项目中表现的，用于起到部分提示作用的元素。当然，这些温和美好的跳跃的元素被承载在一个基底朴素的简单的空间里，必须让基础沉下去，你才能够发觉元素之美。如同生活这个概念本身的平凡一样，如果生活不是平凡的，快乐和美好恐怕也无从得到对比而被发觉。

这些元素是：温和、人与人的亲密、阅读的乐趣、真实的烛光火焰。虽然甲方要为此付出长期的维护费用，但我认为一个元素的真实性无比重要。素胚陶艺、创意盆景、一两片叶子或花朵、绘画……最重要的是，这些元素无法购买，它们全部来自于手工创作。请注意，去创作，而非制作，你的生活。

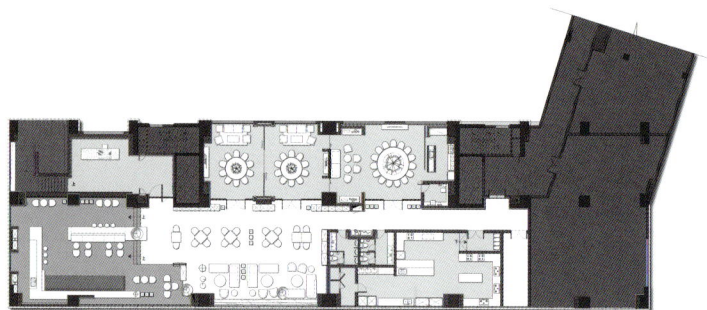

左1、左2：浪漫烛光起到烘托的作用
右1、右2：温和而真实的烛光火焰

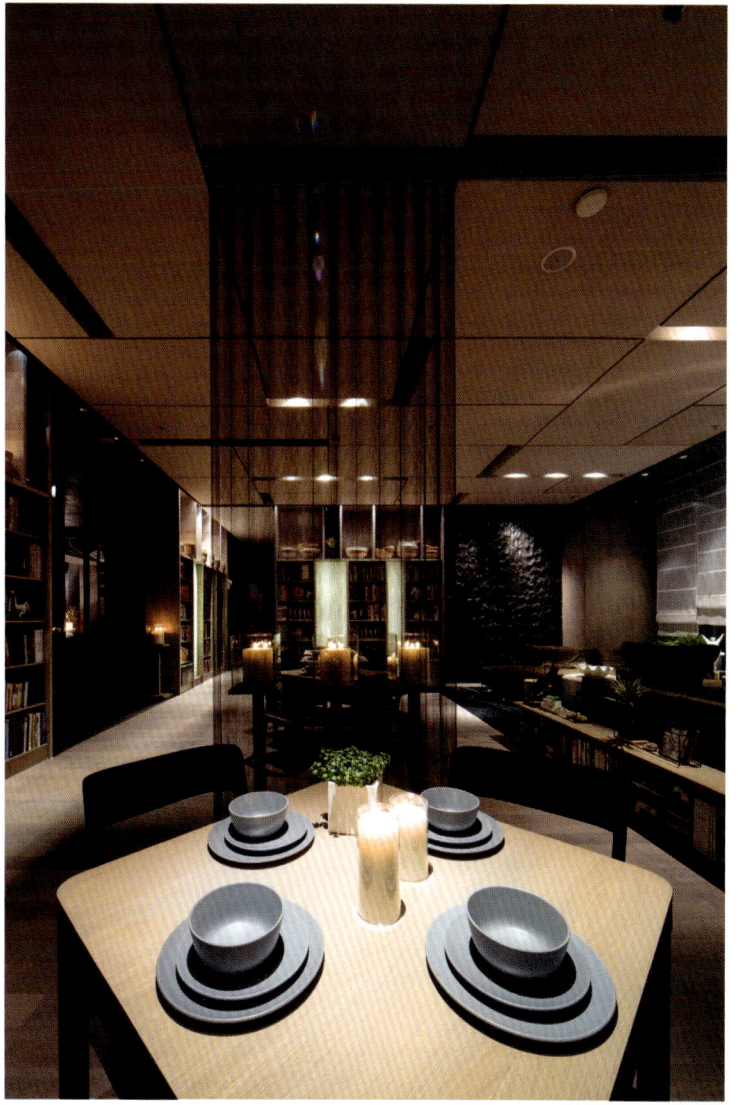

左1、左2、右1:包间

右2：基底朴素的简单空间

CHAOSHAN FLAVOR RESTAURANT

潮汕味道

设计单位：汕头市今古凤凰空间策划有限公司

设　　计：叶晖

参与设计：陈坚

面　　积：600 m²

主要材料：银白龙石板、英国蓝石板、黑色拉丝不锈钢、酸枝木饰面

坐落地点：广东省汕头市

摄　　影：区少雄

这是一家潮汕风味中式餐厅，设计以中国传统文化为底蕴，融入少许现代元素，演绎出新的现代中式餐饮文化空间，从概念到思维，从功能到美观，从室内到户外，所有家具、配饰、灯饰都被精心合理运用，整个空间彰显大气儒雅，意境深远。在用餐区和包厢之间，设计师运用线条简约精雕细刻的实木通花和工笔花卉纱画屏风两种完全不同的材质作隔断，若隐若现，空间视觉共享的同时，又有功能区域隔离作用。

本案中，传统的中式元素装饰手法和现代材料质感的完美结合，让流行与经典同列一室，互融共生，构成新的概念、新的视觉，既有传承中式传统风韵的雅致与古朴，又不失现代生活的舒适与时尚感，在宾客享用美膳的同时，细品人生的美好。

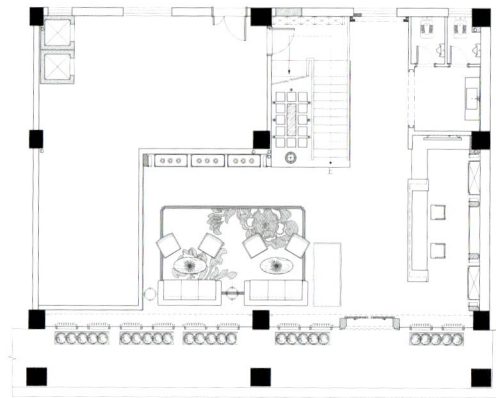

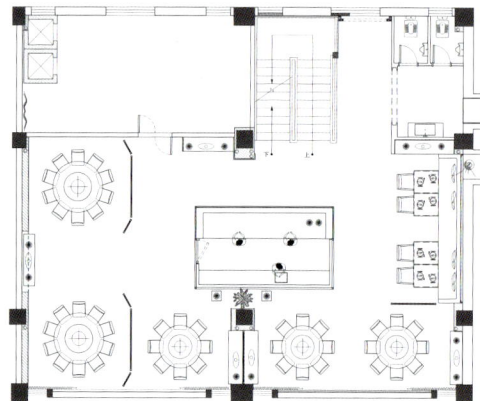

左1：大气的空间

右1：楼梯

右2、右3：共享视觉的区域空间

左1、左2、左3: 实木通花和花卉
纱画两种不同材质的隔断
右1、右2:餐厅局部
右3:洗漱区

QIAOTING LIVE FISH TOWN

桥亭活鱼小镇

设计单位：福建东道建筑装饰设计有限公司

设　　计：李川道

参与设计：郑新峰、陈立惠、张海萍

面　　积：260 m²

主要材料：老木板、花砖、钢板、老窗户、竹竿

坐落地点：福州

摄　　影：申强

传说"桥亭"源自一个溪多、桥多、亭多的桥亭村，那里的村民好以鱼待客，烹煮出的鱼别具风味，具有淳朴的味道。本案设计师结合该品牌的文化内涵，秉承其一贯的仿古风格，更独具匠心地突出精彩的设计，尽显雅致韵味。

青砖石板旧廊桥，不过两百余平方米的面积内，设计师既像是为电影拍摄造景又像是身边的发小，将记忆里的老画面一帧一帧地回溯。正像对清平世界所描述的夜不闭门，这个迎来送往的商铺以开门见山的方式接客，原汁原味的旧木门敞开着。进门走道的两边，一半是前台一半是入口。入口待客区是廊桥上标志性的座椅，对着俩小儿荡秋千童真童趣的场景、都市里不常见的扎染粗布，怕是再急着进餐的宾客也愿意再多等几分钟。

天然的石磨、黑白的老挂画、灰白的绒布软垫，连搭建的木材都是褪色的，像是经过风雨飘摇的桥亭。它虽然失去了原本光鲜亮丽的色彩，却多了一番值得反复寻味的情愫。与大堂的古朴老旧色彩相比，回廊里的景致更为华丽。石墩和大圆柱是乡村里必不可少的元素，大红灯笼高高挂，像是节日里的张灯结彩，热闹非凡。旧时趴在圆木上与小伙伴嬉戏打闹奔走的画面历历在目。

复古色彩浓郁的餐厅里，品味的不仅是大鱼一条小菜三碟，还有"记得当时年纪小，你爱谈天我爱笑"的细腻情感。设计师呈现的也不再是单纯的餐饮空间，像是造梦者，带着宾客在桥亭回廊间重温旧梦。

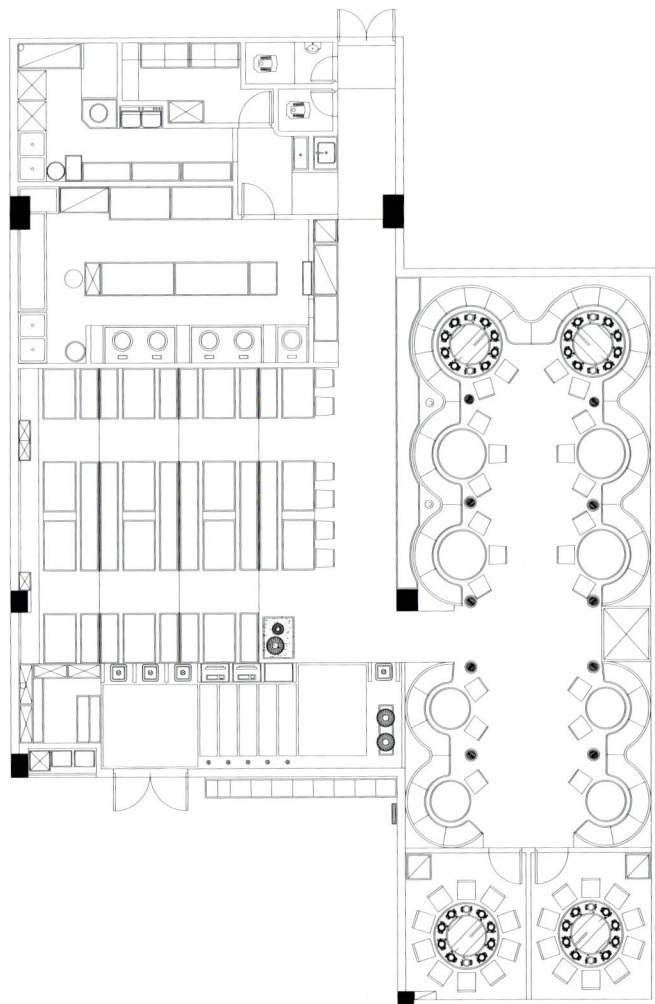

右1：原汁原味的旧木门敞开着

右2、右4：褪色的木材多了一番值得寻味的情愫

右3：扎染粗布

BANU HOTPOT

巴奴火锅

设计单位：河南鼎合建筑装饰设计工程有限公司

设　　计：孙华锋、孔仲迅

参与设计：杨春佩、陈志

面　　积：1210 m²

主要材料：老木板、做旧钢板、硅藻土、布纹玻璃

坐落地点：郑州王府井百货

完工时间：2014.12

摄　　影：孙华锋

巴奴毛肚火锅的改造首先体现于对顾客服务环境的舒适、关怀、人文的全面提升。良好的就餐环境让人们欢乐围聚，流连忘返，适宜的尺度，贴心的细节让每一位顾客宾至如归。其次是空间的阐释，对顾客对社会对巴奴，其精神，意念，期许始终贯穿其中。

巴山蜀水大写意的等候区、岩石、树林、群鸟，自然分区意境的展现抛去了等候的焦躁，多了一份情怀多了一份美念。大红的色彩多了一份欢乐多了一份寓意，高挑的马灯、林立的树木、时间的流逝、年轮的大小，让人们茶余饭后多了些感慨和珍惜。借着觥筹交错，交流与互动由此开始。

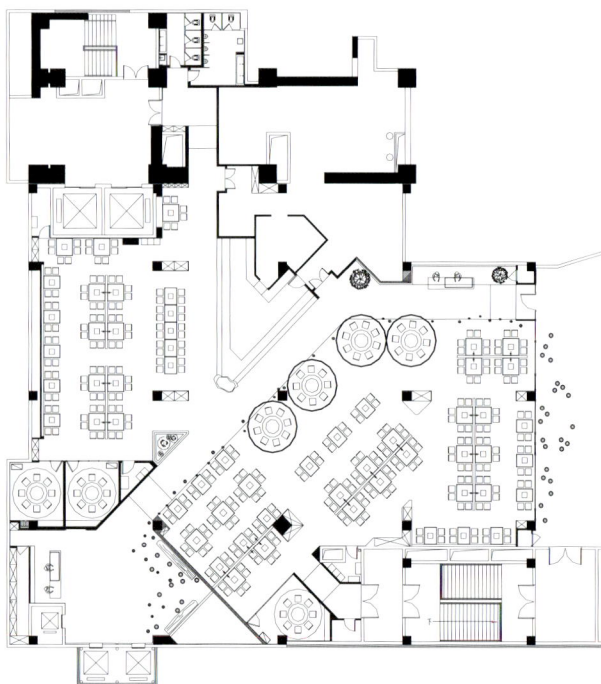

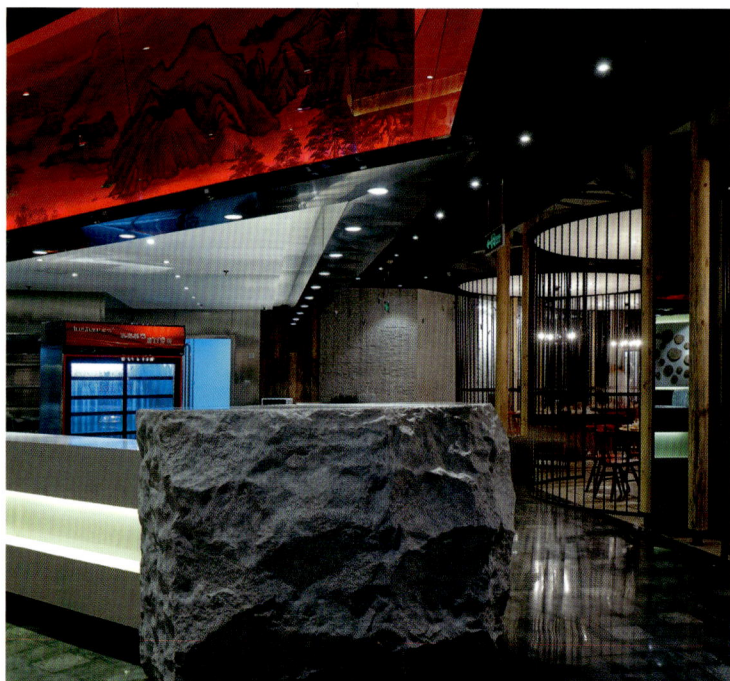

左1、右2：大红的色彩多了一份欢乐

右1：高挑的马灯

右3：就餐区

左1、右1、右2：餐厅局部

NEIGHBORHOOD RESTAURANT

左邻右里餐厅

设计单位：上瑞元筑设计顾问有限公司

设计：孙黎明

参与设计：耿顺峰、陈浩

面　　积：400 m²

主要材料：仿木纹地砖、马赛克、水曲柳白色开放漆、锈镜、金属链

坐落地点：无锡中山路

完工时间：2015.01

本案设计取向明确，灵感来自过往邻里生活的片段孕育而出，以自然的生活物件作为基础，加以抽象，突出局部元素，塑造出既真实又虚构的情境，编织出系统性语汇，将市井特有气息与都市时尚餐厅相融合，进而投射出"左邻右里"的品牌特色，游走于喧闹街景与舒适邻里想象之间，精确描绘品牌诉求而不失浪漫惬意。

一走进餐厅，立刻听到服务人员亲切又充满朝气的招呼声，店如其名，顿时亲切的邻里情愫被牵动，进而引起入内探索的动机。空间的营造以街巷为概念，动线穿插辅以线框勾勒区分座位及岛台区，虚实的立屏分割强调透视及私密感，便于服务人员即时关照客户需求，墙面铺覆明镜延展空间景深，使室内光照效果更加温馨舒适。

手法上以抽象的市井生活形态物件贯穿全案，有趣的节点，通过物件肌理触感及明快色彩的呼应穿插，搭配以墙面与座椅的妆色，连接邻里的生活印象，让宾客在享受美味的同时可以和同行伙伴自由畅谈，引导宾客们从用餐情境唤醒过往生活的追忆，凸显品牌定位及产品优势，带来焕然一新的餐厅感受。

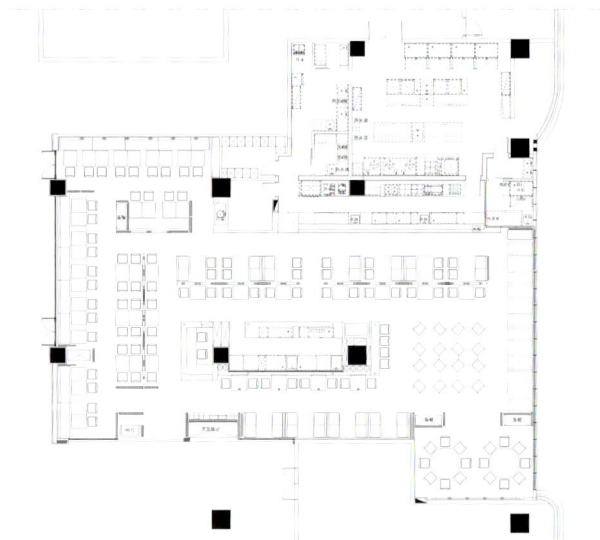

左1、左2：小小的绿植点缀空间

右1、右3：绿白色桌椅的搭配清新自然

右2：过道

BLACK TEA RESTAURANT

红茶坊餐厅

设计单位：安徽松果设计顾问有限公司

设　　计：曹群

参与设计：赵琳、姚定军

面　　积：1300 m²

主要材料：红砖、钢板、水磨石、旧木板

坐落地点：安徽合肥

完工时间：2014.08

摄　　影：金选民

朱门本应搭配玉砌，却只见红砖粗粝。

红茶坊餐厅，像是一件混搭之作，雍容与质朴的混搭，都会与乡野的混搭。餐厅位于花园别墅小区会所内，建筑本身便是一栋二层仿欧式洋房，上层为八边形退层，四周俱是阳台，360 度无死角的豪华视野，是她独有的奢侈品。总建筑面积1300 平方米的偌大空间里，上下两层皆四面开窗，似是要为幽闭于此的灵魂打开通往明媚与鲜妍的路径。设计师在空间结构上，将上下两层餐位皆沿窗而设，让客人静享园林美景和午后阳光。内部区间的隔断，是通过曲折漫长的窗格来实现，甚至在洋房内行走，也是在窗与窗之间穿梭。扇形展开的旋梯，以旧铁板镶嵌半透明的玫瑰色玻璃，是另一种意义上的"窗"。与小巧的舞台相连，水到渠成般烘托出了一个视觉中心。

设计师以红砖、旧木板、水泥、黑铁板等传统常规材料，极力营造一个历史感与时尚感并存的空间。复古花砖寸步不离，铁艺栏杆惹人遐思，凝神驻足时，循着若明若暗的旧上海明星黑白照片，目光攀沿至七米挑高天花板，再向右侧流转，那本该向外的西式红砖墙与阳台竟被"反转"到了室内，仿佛刚才面朝街市的佳人翩然转身，转向洋房内的无限风光。此时再面对错落有致的红砖墙，只觉并无混搭之说，更加坦然地曝露一份优雅态度。

风景在窗外，也在窗里，环境予人的心理暗示，也许会让每个人都在不自觉间努力成为他人眼中的风景。试想若是一位金嗓子歌后正在台上夜莺婉转，台下的人儿又岂甘寂寞？纵然寂寞，也当有风情千种，游园惊梦，海上花开又落。没人能走得出，那氤氲在茉莉片中的海上旧梦。

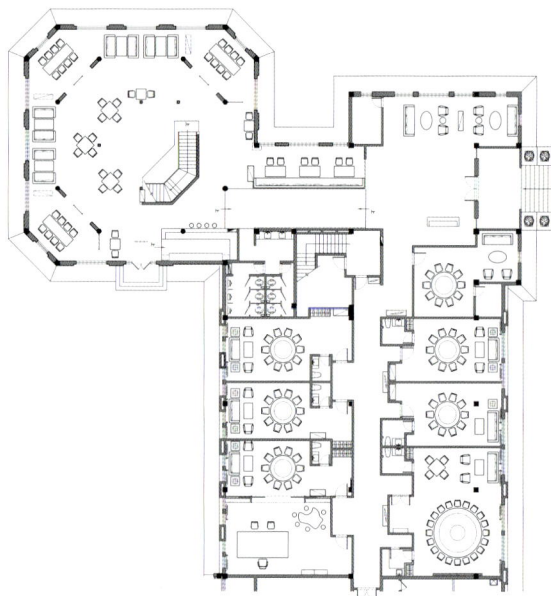

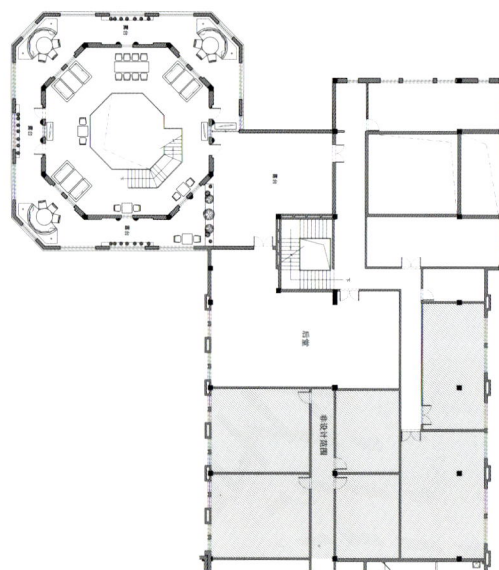

右1：朱门灰墙风情万种

右2：以旧铁板镶嵌半透明玫瑰色玻璃

重庆棕榈岛美丽厨房

CHONGQING PALM
ISLAND BEAUTY KITCHEN

设计单位：重庆年代营创设计
设　　计：赖旭东
参与设计：夏洋
面　　积：3800 m²
主要材料：柚木复合地板、黑拉丝不锈钢、水曲柳面板、青石、贵州白木纹、亚麻布
坐落地点：重庆渝北区棕榈岛商业区
完工时间：2015.01
摄　　影：赖旭东

美丽厨房，坐落于重庆高端餐饮聚集地，棕榈泉国际花园湖滨商业区——棕榈岛。
一层大厅与二层包房皆为现代、时尚、简约的雅布风格，配以全落地临湖景观，
为重庆最新的时尚的餐厅。

独栋的三层玻璃房子半隐在一片现代园林中间，近看，美丽厨房几乎是泡进了棕
榈泉里一般紧挨着湖岸，水文景观相得益彰，环境简直是好极了。室内并不奢华，
兼顾简约大气，更多是展现环境的得天独厚，一长排的景观位，可以尽情饱览湖景。
整个空间完成之后，主、次空间的品质，都在一条水平线上。远处看简简单单，
近处看充满着生命的丰富张力，雅致、舒朗、含蓄、骨气凛然，具有浓烈的书卷气。
色彩对比也是赖设计者着重考虑的问题，强对比会比较俗气，弱对比则比较雅致。
整个空间丰富而轻盈，品相高雅，具有当代东方美学特征中兼具包容性的设计路
径。在美丽厨房，即使最普通甚至最基础的材料，也散发出质朴、本质的光芒，
低调奢华，却有内涵。

一直以来，美景、美食和美女被认为是重庆的城市名片。为呼应"美丽厨房"的
名字，以重庆美女为创造要素，特邀著名艺术家赵波为美丽厨房私人订制了餐厅
墙上随处可见的油画，每一幅都代表着一种性格的重庆美女。东西并置、古今贯通，
将艺术融入生活中。毕业于川美的赵波，被誉为"新现实主义"的一份子，他的
油画也表达出对传统现实主义在当代艺术范畴内的解释，所针对的对象是现今的
城市，不同于早期带有政治含义的先锋派艺术。

视觉上，设计师坚决地摒弃了现代流行的"欧式"奢华又或者"新中式"简单的
表述，而是采用了现代、时尚、简约的雅布风格，巧妙地构建了丰富的视觉象征：
形态各异的美女油画、大厅金属隔断、兽头……让极具表现力的元素与建筑空间
完美地结合在一起，因此整个空间具有了特征与活力，又不失当代设计的精致。

右1：入口处
右2：走道
右3：就餐区

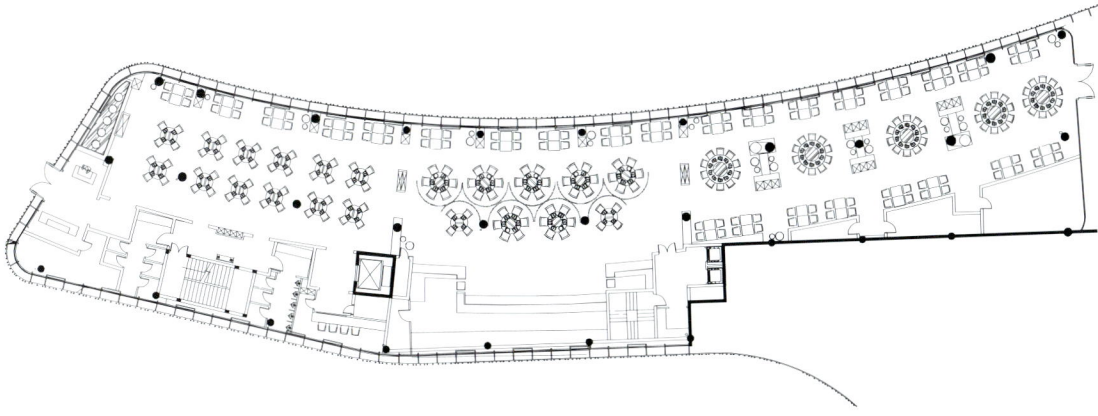

左1：简约时尚的餐厅

右1：隔断

右2、右3：每一幅油画都代表一种性格的重庆美女

远山炭火火锅店

FARAWAY MOUNTAINS HOTPOT RESTAURANT

设计单位：成都私享室内设计有限公司
设　　计：胡俊
参与设计：邓浩杰、陈勤、义颖
面　　积：1022 m²
主要材料：瓷砖、防火板、乳胶漆
坐落地点：成都市武侯区玉林西路
完工时间：2015.04
摄　　影：王牧之

成都是舌尖上的美食天府，全城大大小小有 11 条美食街，其中首指玉林路，火锅店的数量更是有几十家之多，餐饮业态在味道上无法形成任何优势，此时，设计导向就尤为重要了。远山炭火火锅的食材来自西昌远方的大山，崇尚环保和绿色的经营理念在油爆火锅的群聚中释放健康的吸引；而紧密嫁接火锅的是远山品牌旗下的 FM 酒吧项目，与火锅店对门相邻，一食一饮，一静一动，跨界的创新引入，体现商业的多元。

来到远山的食客们，都第一眼被空间场所吸引，建筑层叠、出入有致、空间交错、明暗通透，一组组写意江南的小品构筑了远山火锅的整体空间形态。青黑石板的地面、徽派意景的内胆建筑，贯连有秩的窗洞门廊、灰白砖墙、竹林小景、风古旧木、流苏吊灯，还有堂中一棵枝丫重叠穿顶而立的大树，那一种写意和洒脱的场所气质调动着食客们的心悸。此一回江南院子里的火锅也独居风雅，院、园、宅，一入一出，人、物、境，交疏吐诚，此时此刻，才刚刚渐入佳境。

空间定调在新中式古典院落，即刻将火锅业态的差异化做到极致，想不到，没想到，设计诠释品牌的内里，空间表述商业的外形，下笔铺陈转合，叙事婉约灵动，设计的精妙亦在于此。

除了空间本身的高分享值，更多节点的考虑更增添了传播的价值。食来食往，惊喜到餐碟的别致、厚重的鹅卵石、粗质的瓦砾、古朴的瓦当、精致的菜肴，你会忍不住拿起相机；等待锅开，你不会空盏相望，一枚沙漏计时陡增待餐趣感，你会忍不住拿起相机；试管瓶的调味料、嵌入天花的旧门板、攀附墙壁的八仙桌、长条凳、卫生间玩笑的小人导视，你都会忍不住拿起相机。

在远山，空间本身的视觉高值带来不同以往的就餐体验，铜锅围炉也可以风尚雅集，卡座相邻，别有洞天又两不相饶。穿过六棱窗洞看到邻家美丽的女孩，食毕之后感叹那一桌来自远方深山的鲜美，流连而兴不尽。这里的一切除了桌椅房屋，任何喜爱的东西都可以买回家细细品尝，火锅店中的冷鲜超市，满足食客的一切诉求。排队待入的食客们，FM 酒吧小坐，品一口德国啤酒，听一曲欢快愉悦，再也不用看着别人狼藉饕餮，而自己捧着一把五香瓜子。在远山，享受的是一天的放松，品尝的是味蕾的绽放，体验的是无不的可能。

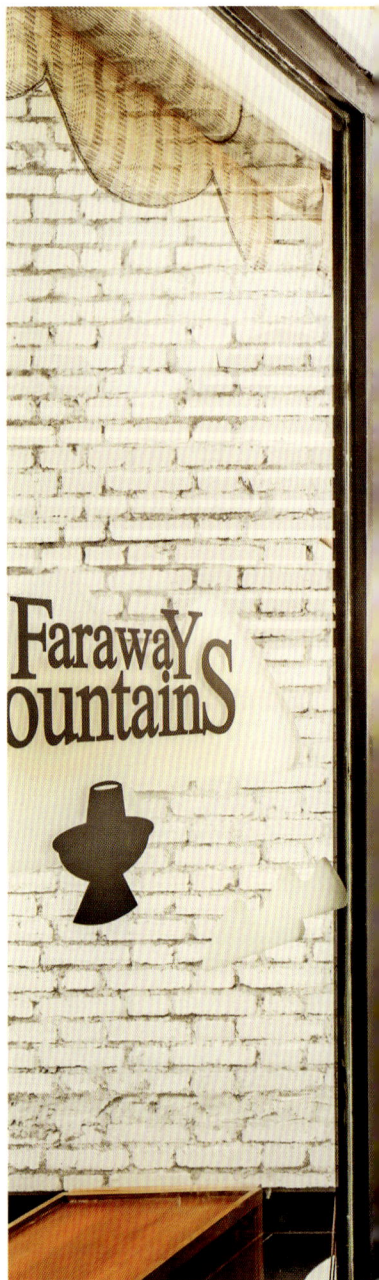

左1：贯连有序的窗洞门廊

左2：风古旧木

右1：风雅的环境

右2：竹林小景

右3：堂中一棵枝桠重叠穿顶而立的大树

ME悦
ME YUE RESTAURANT

设计单位：深圳市新冶组设计顾问有限公司
设　　计：陈武
参与设计：吴家煌
面　　积：100 m²
主要材料：钢结构方通、拉膜、木地板
坐落地点：深圳市

你想居高临下于飘渺云雾间体验空中用餐，又想潜入深海打开水底世界之门，享受被鱼群簇拥挠痒痒的感觉，"Me悦"可以同时满足你的美好愿想。位于深圳龙岗中心区万科广场的"ME悦"，堪称全深圳最小清新的室内餐厅，悬空的架构呈现的是无敌的开阔视野，而由白色珊瑚意象组成的天花和基座，则模拟出深海效果，明明置身室内，天空与深海却同时唾手可得，这会是一种怎样奇妙的用餐体验？

浮于空，悦于心。清透的海洋生态风最适合夏日了，配搭现代甜美元素的布艺家私，为室内注入一股冰凉透心的舒爽，加上甜蜜优质的夏日乐食，立刻赶走炎夏酷暑燥热，一扫你的劳累疲乏。舒适的单人沙发，黄绿、粉色的调调，加上花朵、蝴蝶图案，散发着浓郁的热带气息。时尚小清新的蓝紫色渐变水吧台，清爽的软装以及环绕着餐厅的雪白，丝丝夏日清凉，带来视觉与味觉不一样的极至体验。

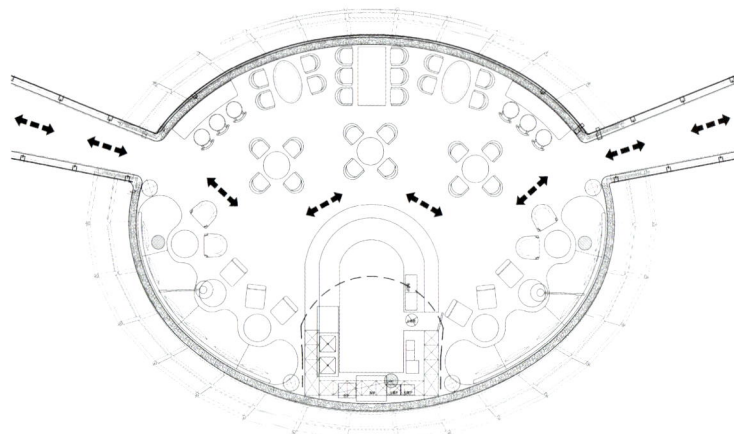

左1、右1：白色珊瑚意象组成的天花和基座
右2：色彩缤纷的沙发

左1：纯净的白色基调
左2、右3：沙发的花朵图案散发浓郁的热带气息
右1、右2：蓝紫色渐变水吧台

VIEW THE JIANGNAN RESTAURANT

观江南

设计单位：合肥许建国建筑室内装饰设计有限公司

设计：许建国

面积：650 m²

主要材料：花格、石材、铁板、墙布

坐落地点：安徽无为

完工时间：2015.02

设计师在注重空间整体效果的前提下关注细节渲染，如餐厅吊顶下具有中国风情的鸟笼灯设计；干净利索的竹纹背景墙；吊顶上用优美的弧线打造一种细水长流的感觉，暗示着人们在社会与时俱进的快节奏生活中不要忘记中国传统江南文化，给人一种世外桃源、鸟语花香的江南自然景象。走廊及楼梯的云间设计，让人身临仙境之美感。楼梯侧方黑色云朵的设计图案，相比传统观念的白色更让人记忆深刻，在设计师眼里，黑色云朵与白色一样美丽纯净。餐厅墙面酒窖设计，选用中国红作为主色调，立面一格格酒槽里装入进口红酒整齐排放，中西相融，那种江南小情怀，舒适悠闲的感觉深入人心。

观江南整体设计风格淳朴自然，设计力求营造一个现代感江南餐厅，在中国传统元素中融入西式家居和东南亚风格配饰，把水乡的柔媚，西南的热情，北国的雄浑有机结合，把空间艺术环境与传统美食文化完美结合，呈现在人们眼前的是一个别具一格的国际化江南意韵的人文休闲空间。

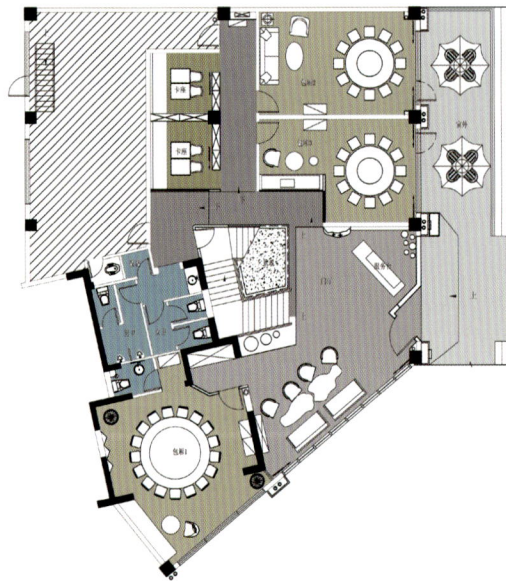

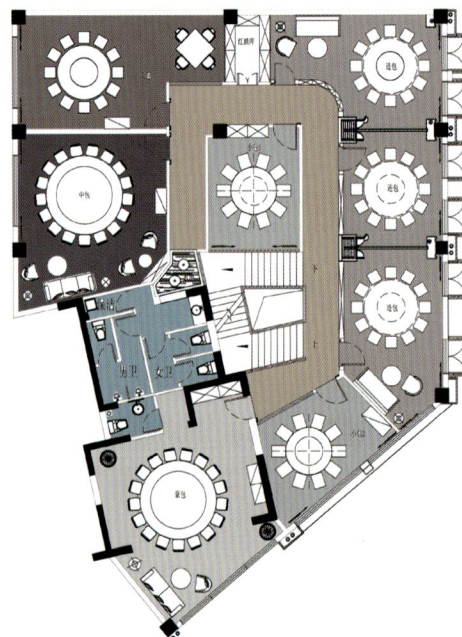

右1、右2:走廊及楼梯的云间设计

左1：楼梯侧方的黑色云朵
左2：拾梯而上
左3：走道
右1、右2：餐厅局部
右3：鸟笼灯

JINCAI HOTPOT

锦采火锅店

设计单位：甘肃御居装饰设计有限公司
设　　计：黄伟彪
面　　积：2000 m²
主要材料：石材、木饰面烤漆板、工艺玻璃
坐落地点：甘肃兰州
完工时间：2014.12
摄　　影：吴辉

"锦采"取自西蜀最古老民俗街里精彩的文化，创造又一回味的记忆天堂。设计中，以川西民风、民俗的历史文化为背景，将历史与现代人的审美相融合，通过材料、色彩、灯光营造出旧时西蜀锦里中，两碗绿茶、一眼碧水、三国食阵的又一悠闲美地。将中式手法古法新用，通过中式的色彩，中式的丝绢，中式的格局，与现代组合方式、现代施工工艺、现代审美尺寸相互碰撞交汇，让骨子里的中式韵味如这川红的火锅般充满刺激和激情。

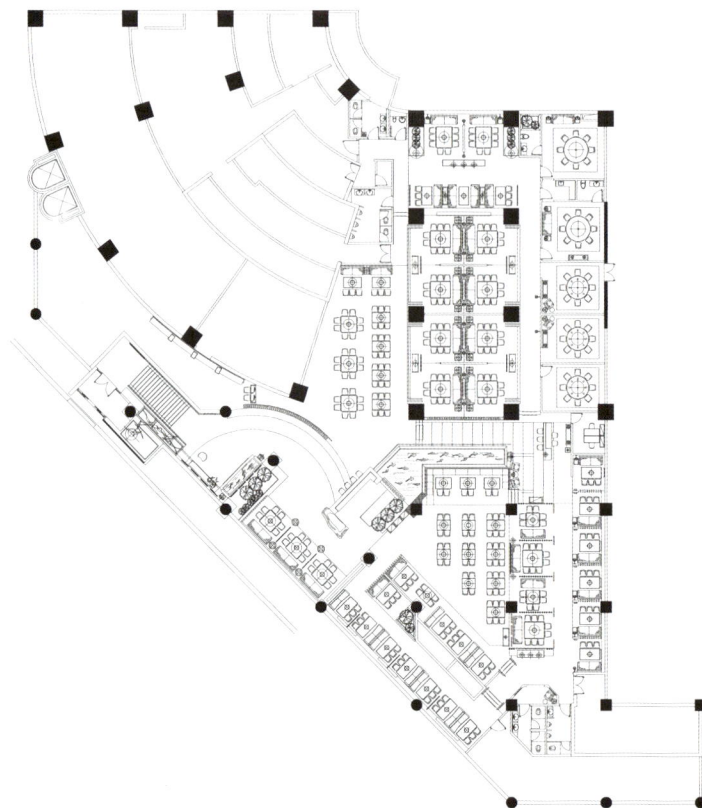

左1、右1: 入口处

右2、右3: 美丽的孔雀

左1：楼梯

右1、右2：中式的色彩、中式的丝绢、中式的格局

茶马谷道

TEA-HORSE ROAD

设计单位：宁波古木子月空间设计事务所
设　　计：李财赋
参与设计：赵铁武、胡荣海、郑裼君
面　　积：700 m²
主要材料：木饰面、乳胶漆、花岗石
坐落地点：浙江宁波东吴镇
完工时间：2015.1
摄　　影：刘鹰

项目为旧建筑改建，原为 L 形格局，处在山峦之中相当隐秘。旧房原为军事谍报基地用房，每个空间都有故事，房屋功能从军事用房到机械加工厂再到之前的农家乐，建筑虽普通，但内容丰满。

此次改造为餐饮空间，因是改建空间有局限，设计最大原则尊崇因地制宜，保留一些岁月印记，比如在原入口门楼下方做个小水景，让在茶区的客人可以通过水的媒介静下心来，同时水景与室外山水相融互映。其次是解决动线问题，原通道狭小，采光差，设计师把过道 90 厘米高的窗改为落地窗，向外凸出，借景引入室内，同时通过打开方式让过道更有节奏感，有了另一番意境。大堂入口进行移位与改建，放在庭院入口处，目的是增长浏览路线，让人在移动中通过通道与窗户的传达感受光影、室外风景的变化。大堂设计更多结合休闲书吧概念，让空间具有文人气质，休闲区后的窗户整体落地打开，开门见景，内外情景交融别具韵味。大包厢的窗口通过苏州园林的营造古法，用现代的表现语言，景中景的形式，从室内往外看仿佛湖面挂在墙上的奇特视觉效果。

整体空间用减法设计，大量留白让人静思，联想。空间最大装饰就是陈家冷先生的画，色彩、意境、人文，与此情此景和谐相融。

左1、左2：建筑外景
右1、右2：对称的布局

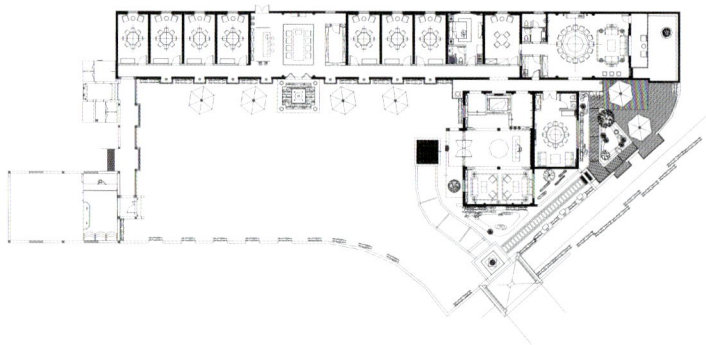

左1：小景
左2：湖面仿佛挂在墙上
左3: 引景入室
右1、右3：餐厅局部
右2：大量留白让人静思

VAKU TEAHOUSE NO. 18
瓦库18号

设计单位：西安电子科技大学

设　　计：余平

参与设计：马喆、董静、郭亚晨、韩晓燕

面　　积：260 m²

主要材料：砖、木、水泥砂灰

坐落地点：南京市老门东

完工时间：2014.11

摄　　影：文宗博、贾方

瓦库 18 号位于南京市老门东历史街区，原建筑为历史建筑——三进的明清古院，建筑面积 260 平方米。当瓦库与陈年的民居院落相遇，似知己，话语投机，但说多了难免有啰嗦之嫌。取舍之间，恰是设计的重点。

瓦库面对前辈的青砖灰瓦，坚决"礼让"，瓦不再成为室内的主要语言，聆听四合院屋顶瓦的诉说吧，它们更有经历。不仅是瓦，老建筑的青砖、木梁，这些有生命属性的材料已经记录下足够长的故事，我们能做的只是让它们"重见天日"。老建筑往往供人欣赏而不被居住，其原因是采光通风条件差而引起的生理及心理的不舒适感，而用当下的技术手段来解决这一问题，让老建筑重获新生是改造的重点部分。用玻璃、孔洞、水景等方式让阳光空气穿透这座历史古院，阳光与空气就是这么神奇，赋予生命，滋养万物。老建筑有了它们，空间和老砖旧木立即焕发出属于它们的特有的神采，这是瓦库设计一直在追求的面貌。虽然没有使用瓦，但人们可以在舒适健康的充满自然通风与采光的室内，阅读材料之上布满的时间"踪迹"，这便是最好的瓦库。

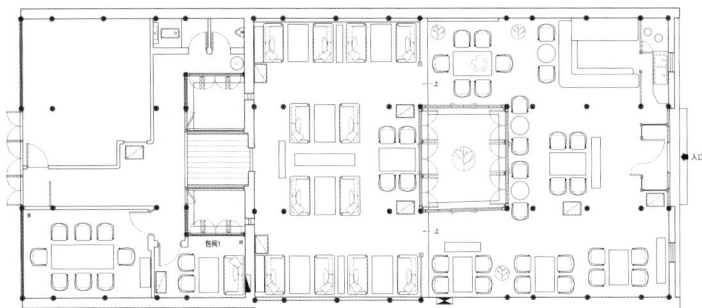

左1：外观

右1、右2、右3：老建筑的青砖和木梁

左1：老砖旧木重新焕发出特有的神采

右1、右2、右3、右4：阳光和空气穿透了老建筑

MAIDAO REAL ESTATE
OFFICE SPACE

麦道置业办公空间

设计单位：浙江亚厦装饰股份有限公司
设　　计：王海波
参与设计：何晓静、高奇坚
面　　积：1500 m²
主要材料：仿旧大理石、橡木、青砖、玻璃
坐落地点：杭州余杭临平

朴实的材质、简洁的线条、几何的造型、沧桑的老陈设与时尚的西方家具在此空间融合。虚实相间的隔断墙体隐现出多重的办公空间，直棱木栅与青砖墙透露着儒商的闲适与文雅，地面不同的材质界定出了办公区域、交通空间及休闲等候的场所。包容、互通、内敛、简约是该办公空间特有的气质。

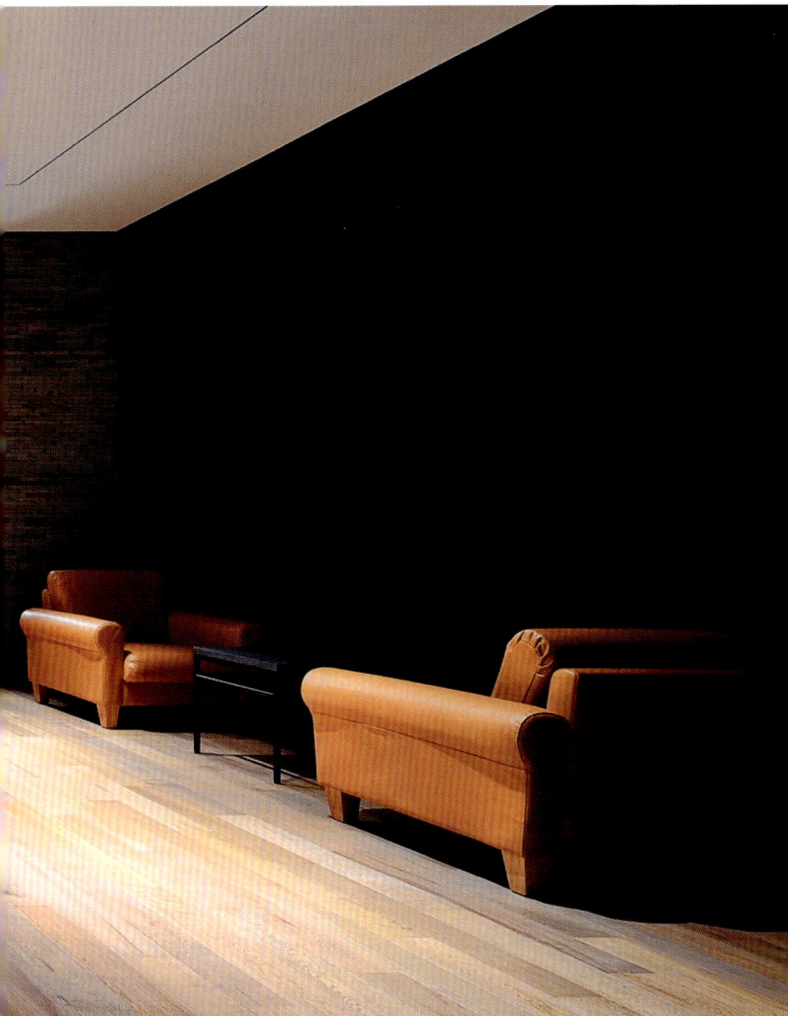

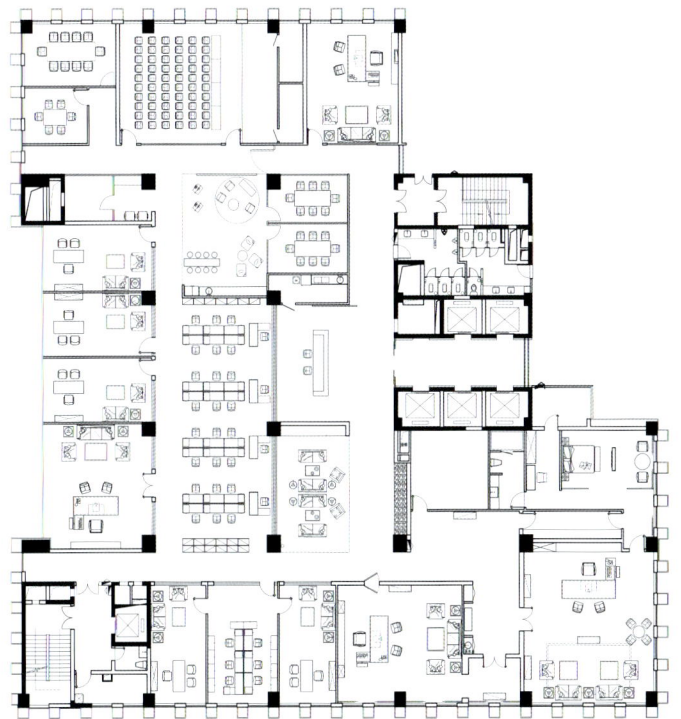

左1、右1: 虚实相间的隔断墙体隐现出多重的办公空间

左1：直棱木栅与青砖墙透露着儒商的文雅

左2：地面不同的材质界定出办公区域

右1：过道

右2、右3：沧桑的老陈设与现代家具彼此融合

SNAIL HOUSE 27M²

蜗居27平

设计单位：水平线空间设计有限公司

设　　计：琚宾

参与设计：黄智勇

面　　积：78 m²

主要材料：地毯、布艺、镜面不锈钢、实木

坐落地点：北京

完工时间：2014.11

摄　　影：井旭峰

这是一个公益项目。通过 27m² 的 loft 空间，规划出集居住、工作双重功能于一体的自由职业者所向往的空间。这种向往与实施，能让更多的自由职业者，通过当下科技与互联网的平台来工作和学习，避免交通的拥挤以节约所耗费的珍贵时间。希望能唤起社会的不同角度认识，以设计师的方式来表达一种观点和情怀。

材料是空间表情的最终诠释物。白色本身的中性特质，让空间舒畅地呼吸并拥有更多的自由，也为留住时间的年轮和情怀的印记而打底。其颜色本身便能让小空间有着更大的视觉想象，同时也承载了简与素所能衍射出的建筑本质。剥离掉装饰，让空间围合出独特的空气，并与社会保持着适当的距离。

用至简近道的方式来表达混合功能的多样性，在明晰可辨的逻辑下，寻找丰富的、快乐的空间本质魅力。

光，作为这个设计本体的主要材料，在空间中以多角度多方式的呈现手法出现。留住光的同时，也是留住了时间，留住自我审视时的那份宁静。

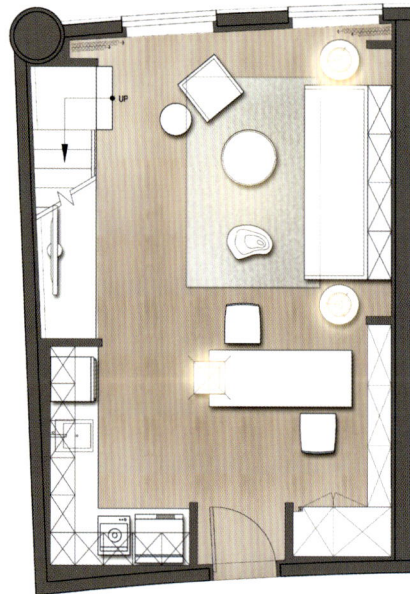

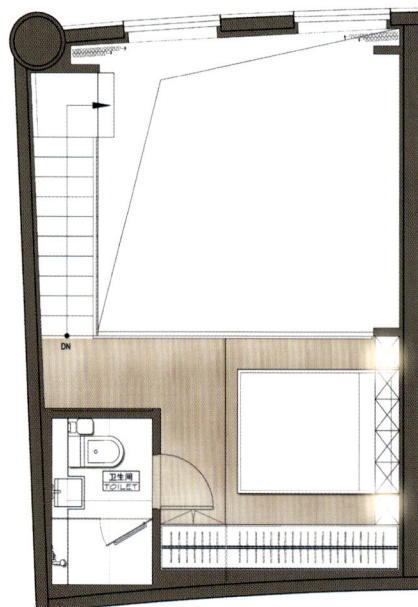

右1：黑白色的对比

右2：楼梯

右3：厨房

右4：工作台

左1：白色让空间舒畅地呼吸
右1：造型简约时尚的家具和灯具
右2：卧房

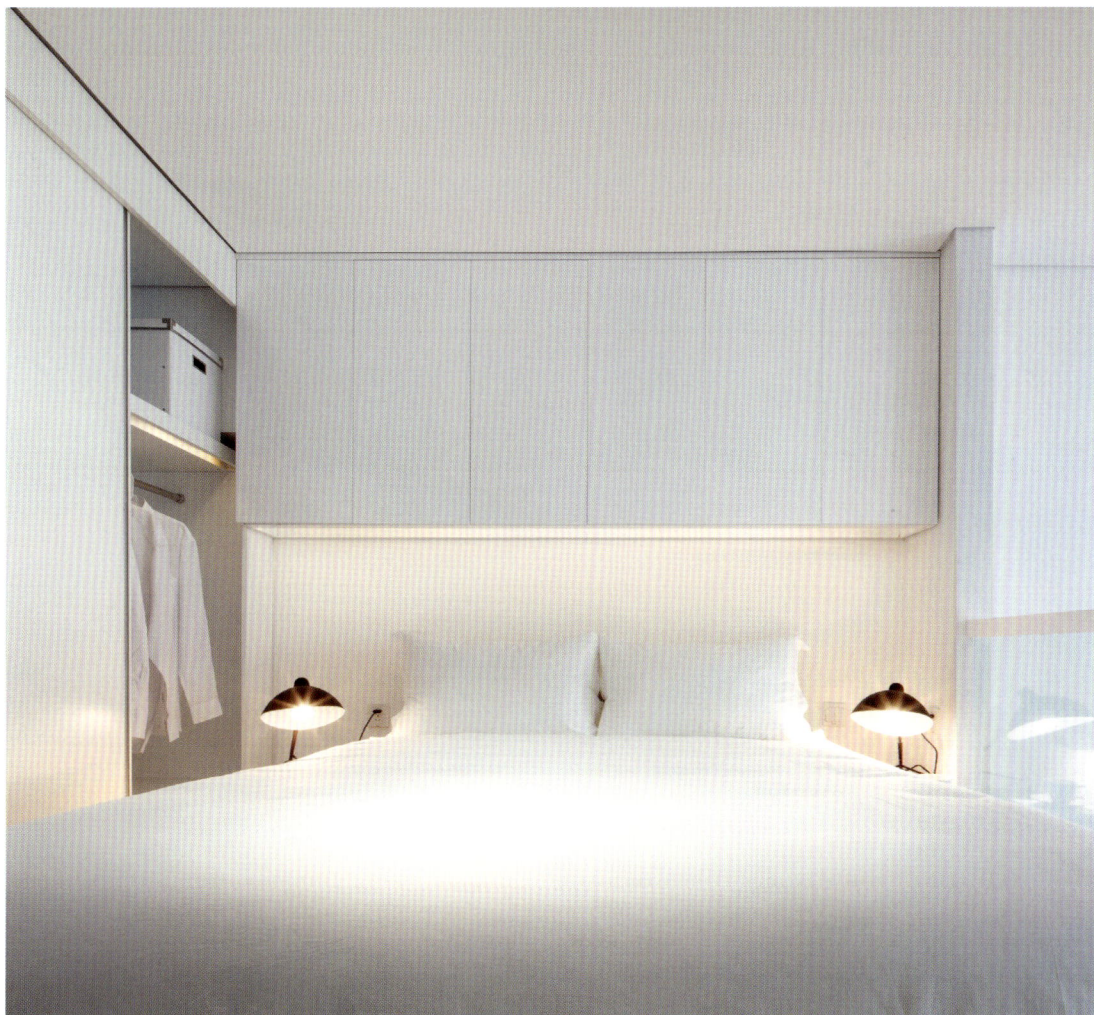

HUAKUN INVESTMENT

华坤投资

设计单位：林开新设计有限公司
设　　计：林开新
参与设计：余花
面　　积：800 m²
主要材料：仿古砖、橡木、肌理涂料、大理石
坐落地点：福建福州

本案是一家投资公司，作为高层领导办公及 VIP 客户接待为主的场所，设计师通过现代与传统的碰撞，从矛盾中找和谐，以简约手法诠释东方文化，营造一个"文化性"与"当代性"和谐并存的室内空间，营造天人合一的意境。在建筑形态上，强调符合东方人审美情感的建筑气势和庄严的秩序感，烘托企业稳健而不乏创新精神的特质。设计师没有一味地将设计与社会文化历史传统强拧在一起，而是通过适当的情景设计，几何线条的组织和延伸，构成耐人寻味的空间格局，让置身其中的人们可以轻松自然地来感受传统，品味潜移默化的历史痕迹，从容不迫地回忆过去时光。整体色调以暗色为主，氛围含蓄内敛而又富于力度，适时加入一些时尚和奢华的气息，使整个空间的气质彰显中式古典的稳重与优雅，又蕴含了时代的精神，把整个空间从功能、感观和文化三个层面给予重新定义。

步入大门，在开阔的空间里，每一处的空间布局和家具摆设仿佛一个个装置作品，极具震撼力，同时把中式文化的主题引领得恰到好处。木格栅形状的装饰，贯穿着整个空间的布置，柔和华丽的灯光，深沉大气的大理石墙面，古朴气派的仿古家具，上演了一场奢侈之旅。

设计师采用借景、框景手法，在不同区域设置半穿透式隔屏，既联系各个场域，又自成别致视景。实木花格隔断为行进动线构成一步一景的视觉变化。塑造剧场式场景，创意性地调配建筑与历史元素，与时空展开对话，在有限的空间内引发无限想象。在材质及工艺手法上，模糊天然与人工的概念，同时将互相冲突的材质调和运用，对传统"天人合一"的哲学观念进行物态演绎，形成五感全方位的临场体验。

木制是自然的代言，也是最具表现力的材料之一。设计师环绕着景观中庭，在天花、隔屏、转角处，使用各种不同的元素和组件围塑出富有艺术感染力的景观，展现出一种健康积极的视觉空间语言。公共区域地面铺陈的镜面大理石营造出水池的感觉，让整个空间灵动起来。同时，借由几何形的建筑构件和古典风格的家具陈设的巧妙组合，平面上形成一个点、线的放射状空间，加上个性化照明灯具的节奏感和动感，给人一种简单干净之感。空间的丰富性与戏剧化效果，让每一个步入其间的观者感受到非凡的气韵，触目所及，尽皆完美。

造美合创

ZAOMEI INTEGRATE CREATION

设计单位：造美室内设计有限公司
设　　计：李建光
参与设计：黄桥、郑卫锋
面　　积：500㎡
坐落地点：福建福州
摄　　影：吴永长

造美合创建筑面积达 500 平方米，是一个设计产品的展示空间及设计产品研发空间。为了传达设计生活的美学，设计师主要把空间分为三部分：前部是设计产品展示空间，中部是品茗空间，后部是设计产品研发空间。

造美合创坐落在一个古色古香的古建筑群中，通透的长廊内阳光泻下，洒在原木制作的长条桌椅上，自然而温馨。二楼素朴的墙面、顶面和黑色的地面充满现代工业风格，和整面的古典花格门窗的混搭带来奇妙的视觉体验，而空间中面对面的中西式家具也相映成趣。传统元素与现代风格在此交汇和碰撞。

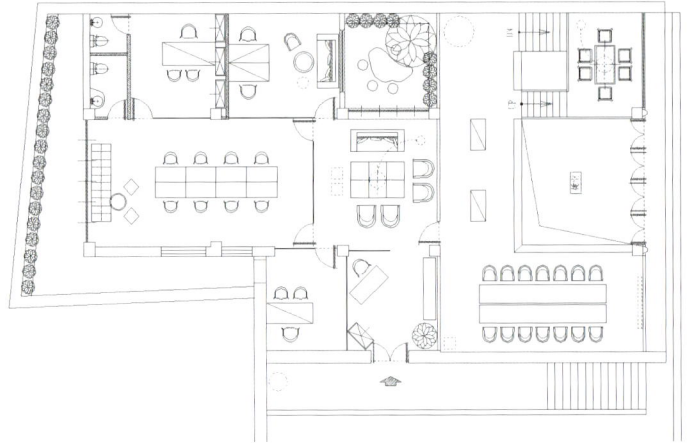

左1、右1：建筑外观
右2、右3：通透长廊内阳光温暖
右4：写意般的外观

左1：中西式家具相映成趣
右1：二楼空间
右2：整面的花格门窗

J&A姜峰设计深圳总部

J&A JIANGFENG
DESIGN SHENZHEN
HEADQUARTERS

设计单位：J&A姜峰设计公司
设　　计：姜峰
面　　积：3000 m²
主要材料：大理石、电光玻璃、方块毯、冲孔铝板、拉丝不锈钢
坐落地点：深圳市南山区科苑路15号科兴科学园
完工时间：2014.08
摄　　影：申强

自然为艺术提供丰富的创作灵感和生命力，艺术为科技提供想象和创造的空间，科技为艺术提供实现梦想的方法。J&A 姜峰设计深圳总部办公空间的总体设计中，结合独具特色的中国竹文化，以"竹"为设计元素，用时尚简洁的手法将办公室塑造成为一个自然、科技和艺术巧妙融合的办公空间。

在公司形象 LOGO 的设计上，别出心裁地采用了"分"LOGO 的形式，各分公司的 LOGO 同时结合到生机勃勃的绿植墙上，形成一个整体的形象展示。前台区域是由黑、白、灰、红组成的浅色空间，这也是集团形象色的组成，正对着我们的是一个由无数个小 J&A 组成的大 J&A 雕塑。在前台设计上打破常规，将其设置在了一侧，可以最大程度地利用自然光线。前台背景墙上运用了先进的投影技术，配合自然风光主题的画面，结合休息区墙上断面竹子的立体艺术品，将整个前台空间烘托得开敞明亮、舒适自然。

会议室，全套智能系统及电光玻璃将会议对光线、温度、演示以及隐私等各方面的需求进行了一体化控制，确保工作高效舒适地开展。墙面、玻璃门、拉手上设计有各种形态的竹子。在开放办公空间，巧妙的天花设计与墙面艺术画相得益彰，散落的竹叶提供了基础的照明。酒店设计区和商业设计区中间连接部位的是材料展示库，有利于及时更新管理材料，让设计与材料更好地结合。

创意十足的 Central Island 前半部分是一配备了多媒体设备的吧台区域，方便设计师们开短暂的会议进行设计交流，后半部分是一个由"竹林"环抱的休息区，将工作与生活有机地结合起来。蛋椅、松果灯、书籍等让设计师们在工作之余得到充分的放松，激发无限的创作灵感。艺术廊展示了一些现代艺术珍品，一组两个人手拉手的抽象雕塑代表着我们与客户并肩前行的信念。在培训室的天花上一朵朵云彩代表着正在一步步走进云时代，走向无限可能的未来，而两边的阶梯座椅可灵活伸缩，以满足不同人数使用的要求。

董事长办公室的设计沿用了"竹"的元素，由公司 LOGO 和具有代表性项目名称组成的窗户铁艺屏风，设计上表现了中国传统的剪纸文化。带来温暖气息的真火壁炉和现代油画艺术形成冷暖色调的对比，构成了整个空间的视觉中心。

右1: 各分公司的LOGO同时结合到生机勃勃的绿植墙上
右2：整体的形象展示
右3：天花上一朵朵云彩代表着正走进云时代
右4：沿窗小憩

J&A 上海
JATO 杰拓香港
J&A 商业设计

YI TIAN HOLIDAY PLAZA SHENZHEN
J&A
JIANG&ASSOCIATES
DESIGN
RESOURCES LIVING MALL SHANGHAI
XIAN MIXC ALL CITY
SHENZHEN
MANDARIN ORENTAL SHANGHAI
PULLMAN WEIF ANG WANDA
THE ST.REGIS
TIANJIN
COCOPARK SHENZHEN
SHENZHEN
FOUR SEASONS
SHENZHEN
WANDA
REALM JINING
BEIJING
SHENZHEN

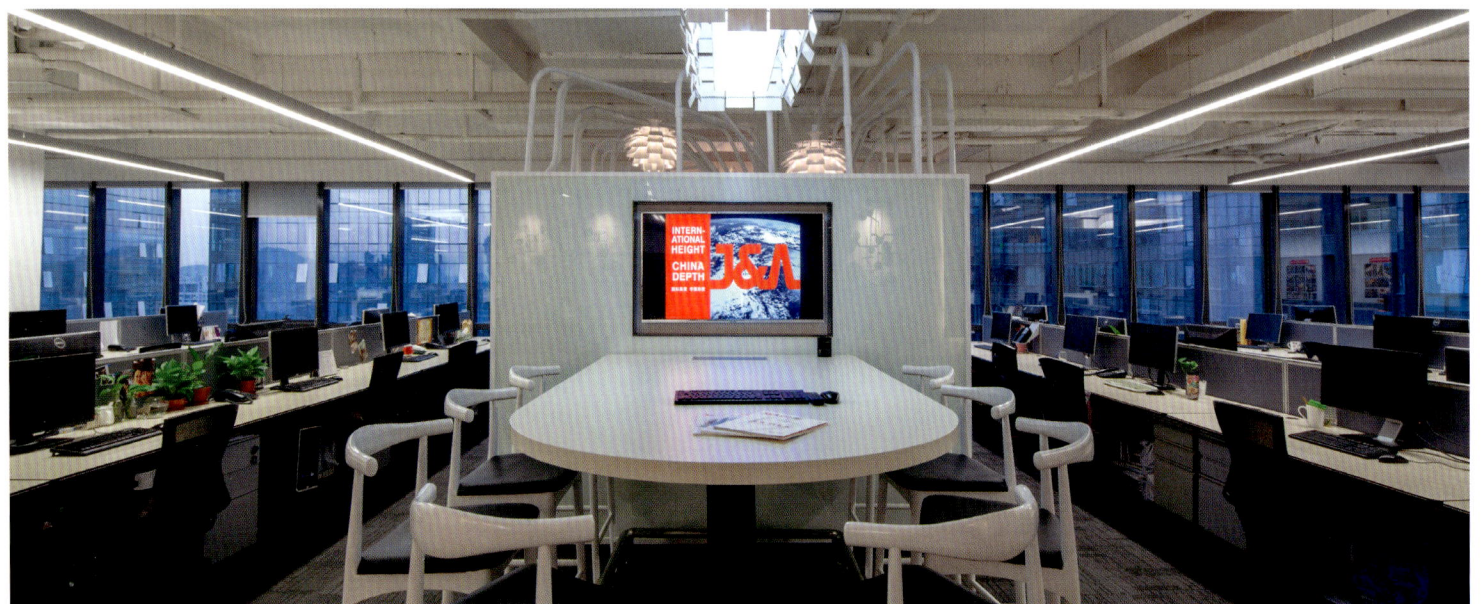

左1：接待区
左2：会议室全套的智能系统确保工作高效开展
左3、右2：开放办公区
右1：材料展示区

左1："竹林"环抱的休息区
右1：空间局部
右2：走道
右3：会客区

元洲装饰青岛店

YUAN ZHOU - QINGDAO

设计单位：十分之一设计事业有限公司
设　　计：任萃
面　　积：565 m²
坐落地点：青岛
摄　　影：卢震宇

人人都想走在流行的最尖端，这里却封藏了旧时代的遗产。

关于时间，我们无可奉告，一切交付予所有细节和那些蠢蠢欲动的影子。

Vintage 一词已不仅止于单纯追忆过往时光的情结，现在它更托付了珍藏与重生，在大量塑化赝品工业化无限产出的年代，仅仅是一张椅子，能残留着多少手上的余温呢？

设计师抽取了那些珍贵的回忆层迭于崭新的后现代生活，空间中使用大量二战时所兴起的工业风格家具，微锈的金属与简洁复古的造型，拼贴木地板与水泥粉光地板的温润，活泼的几何拼贴马赛克瓷砖，共同与空间中材质的素肌将时光熬煮的又稠又软。同时穿插着后现代主义，空间的液化流动注入充满老灵魂的空间，白色表层丰富了空间中的表层形式，一如时代轮替的跳跃，又如这时代的包纳，将这过往琥珀色的追恋轻柔地迭进了一透明的厚玻璃罐中，静谧着等待光阴的结晶。

左1、右1：白色表层丰富了空间中的表层形式
右2：温润的水泥粉光地板

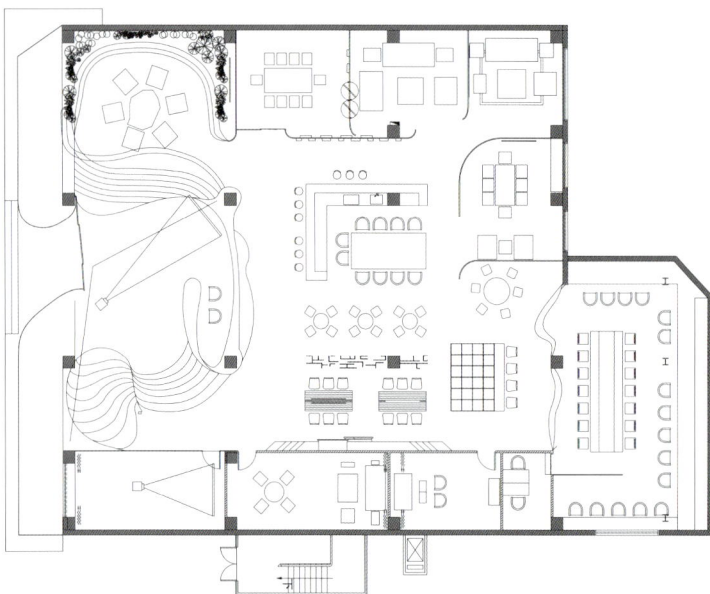

左1、右1：缤纷的色彩点亮了空间
左2：简洁复古造型的家具
右2：地面是活泼的几何马赛克拼贴

MIDEA LINCHENG TIMES OFFICE SAMPLE HOUSE

美的·林城时代办公室样板房

设计单位：广州共生形态工程设计有限公司

设　　计：彭征

参与设计：陈计添、陈泳夏

面　　积：250㎡/110㎡

主要材料：木饰面、地毯、黑镜钢、工艺玻璃

坐落地点：贵阳

完工时间：2015.01

样板房之一

美的·林城时代是美的地产在贵阳注入巨资倾力打造的重点项目，整体规划由大型商场、休闲商业街、办公楼组成，位于贵阳未来城市中心 CBD 的核心地段。这是一套中小型公司的办公展示，设计以一家国际贸易公司为背景，整体风格简洁明快，突出开放办公和自然采光，在细节及选材上强调自然亲和的质感与氛围。前台入口虽不大，却通过背景墙的设置完成了空间的转向，而接待台后面的单向镀膜玻璃隔断的处理，让原本局促的前区空间从视觉上得到延伸，干净整洁的会议室也成为了前台的背景，体现了企业的开放和高效。公共办公区为开放式办公，并保证最大的景观面和采光面，这里每一个办公位都能远眺 CBD 的地标建筑，现代都市的天际线一览无余。天花集成槽的设计除暗藏照明外还能将各种设备整合，以保证天花的干净和整洁。充足的收纳空间和可移动的办公家具能满足样板房售后使用的要求。在这里，设计的价值更多地体现为对各种复杂条件的整合和优化，以及对市场和未来的预判。进入总裁办公室需经过经理室和秘书台，这样的递进设置既符合功能流线也让空间更有层次感，样板房通过对开放空间和私密空间的同时展示丰富了产品的空间多样性。

我们总是带着想象去生活，请注意，我们同样应该带着想象去工作。

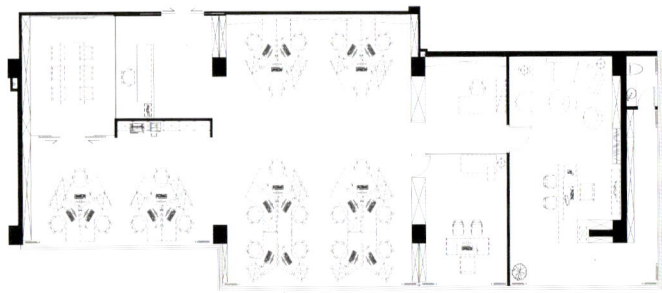

左1：接待台后面的单向镀膜玻璃隔断

右1：办公区一角

右2：会议室

右3：总裁办公室

样板房之二

本次设计任务针对不同的目标客户群分别设计了大中小三套办公室样板房，本案
为其中的小户型，以小型文化传播公司为背景，整体设计简洁明快，在有限的空
间中体现创造性和亲和力。

横向拉伸的线条贯穿于白色的主色调中，强化了空间的张力。轻巧的前台、独特
的天花、跳跃的地毯，都体现出空间年轻而充满活力的气质。活动柜门被设计成
可涂写的焗漆玻璃。最让人惊喜的是设计师将原建筑剪力墙与外墙之间的狭窄区
域设计成一个可以观景的阅读区。

窗明几净的会议室，简洁明快的总监室，纯洁的白和青葱的绿，还有那无限的都
市天际线和天边的一丝云霞，我们似乎看到了创业的激情、快乐和梦想。

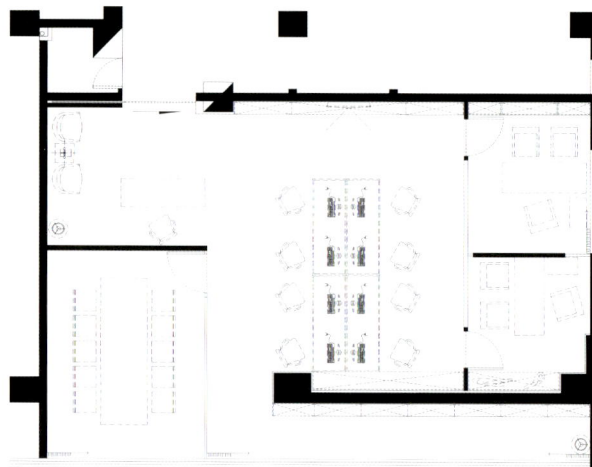

左1：轻巧的前台
左2：独特的天花
右1：纯净的白和青葱的绿
右2：窗明几净的会议室
右3：简洁明快的总监室

INNOVATION CENTER

创新中心

设计单位：北京清石建筑设计咨询有限公司
设　　计：李怡明
参与设计：吕翔、时超非
面　　积：15000 m²
主要材料：清水混凝土涂料、毛面中国黑花岗岩、木质穿孔板、白色涂料、佛甲草
坐落地点：北京市昌平区西小口东升科技园
摄　　影：高寒

创新的起源可以表达为一种以新颖独创的方法解决问题的思维过程，以超常规甚至反常规的方法、视角去思考问题，提出与众不同的解决方案，从而产生新颖独到的、有社会意义的思维成果，而创新中心本身就应该是这样一个充满着想象及挑战的场所。

由于本项目的开间进深都很大，甲方要求建筑面积的最大化，采光中庭宽度仅为 4 米，长度却有 50 多米，怎么给这个局促狭长的空间赋予独特的魅力，就成为本次设计的核心所在。窄、长、高的空间特点让我们联想到了"峡谷、高峰"，登上新的高峰就意味着创新的成功，这个理念正是对创新的完美诠释，设计也由此展开。首先构建出错落有致的采光中庭，这极大改变了原有的建筑及结构。中庭在形式上已经很错落，北侧为整齐垂直的透明玻璃幕墙，南侧为错落搭接的白色开窗盒子。既充分满足了室内采光的要求，又通过白色的挑檐及墙体很大程度上避免了南北两侧上下层的对视，同时也大大降低了造价。南北两侧采用截然不同的材料颜色及形态，相互对比之下更是强调出"峡谷"的险峻以及"高峰"耸立的态势。为了追求最大化的建筑出租面积，因势利导将调整后的采光中庭作为中心共享大堂使用。将东西两侧的建筑主入口位置均向室内中庭后退，这样既在入口前留出了一段过渡的灰空间，又缩短了主入口到室内中庭的距离，可感受到中庭的恢弘气势。同时采用斜线引导人流向中庭的交通核心靠拢，并在交通核心处做了空间放大，让客户有充分的时间和空间来感受中庭。

与中庭的"峡谷、高峰"相呼应，一层以"谷底"为设计理念。采用三条自由的折线连接建筑东西两侧的主入口以及中庭，勾勒出蜿蜒曲折的"谷底"形态。既避免出现东西两侧主入口直接贯通对视的情况，又将建筑的首层一分为二，南侧为创业者办公区，北侧为客户服务区，实现了对不同使用功能上自然而然的分区。在选材上延续了中庭简洁的颜色材料对比，首层仅加入了灰色调，柱子采用清水混凝土的涂料饰面，地面采用毛面的丰镇黑花岗岩。北侧的折线即为开放式客服办公区与大堂的分界线，采用整面的木质穿孔吸音板作为分隔，东西两侧均以不规则的四边形作为出入口。办公区内部采用不规则的自由折线形服务台，色调呼应大堂的黑白灰，局部加入了蓝色烤漆玻璃，体现科技园区的特质。休息等候区的家具融入些许橙色，传递出园区对客户热情的服务。

原建筑的首层电梯厅空间狭窄，我们在电梯厅外加设了一个过渡的等候场所，依旧采用大堂整体的冷静色调，变幻的折线元素营造出一个理性而又不失动感的特

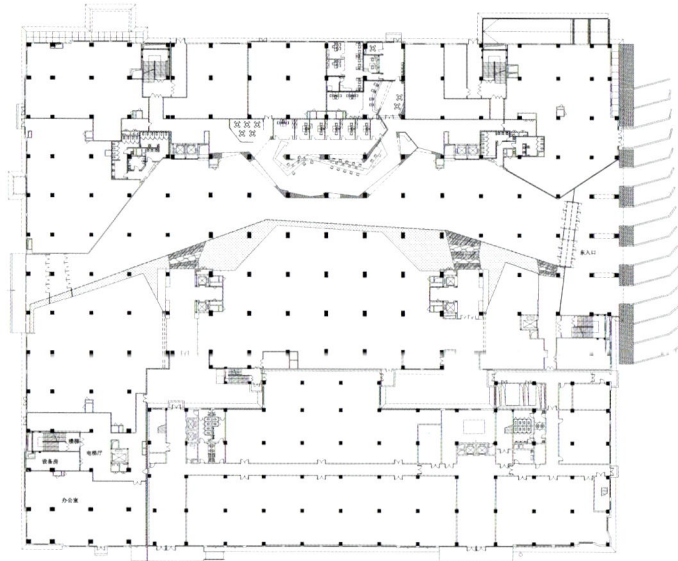

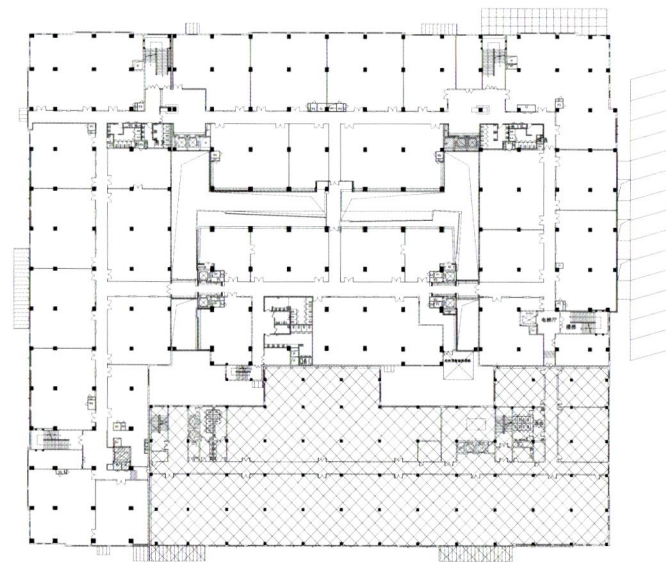

色空间。照明力求简洁与创新，公共区域均采用线性照明，并与线形风口结合在一起，不规则布置使整个天花既平整又动感。客服区域采用点状的功能性照明，从公共区域中脱离出来，强调特有的空间属性。中庭的线性照明很节制，仅仅通过地埋灯照亮白色盒子的凹处，一方面凸显空间原有的造型感，又能巧妙地通过另一侧玻璃幕墙的反射效果增大了空间感，照明成本能够得到很好的控制。这些地埋灯设计为可调色温的，通过电脑的控制偶尔地变化出彩色，为平静的办公楼注入激情，激发创新。

右1、右2：错落有致的采光中庭

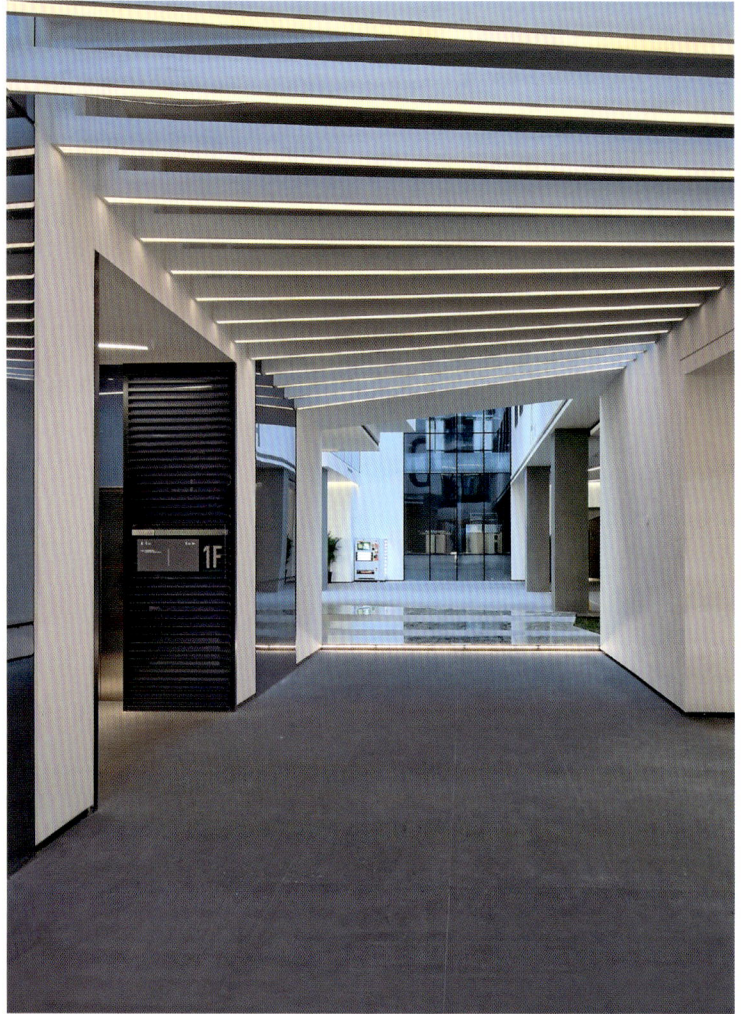

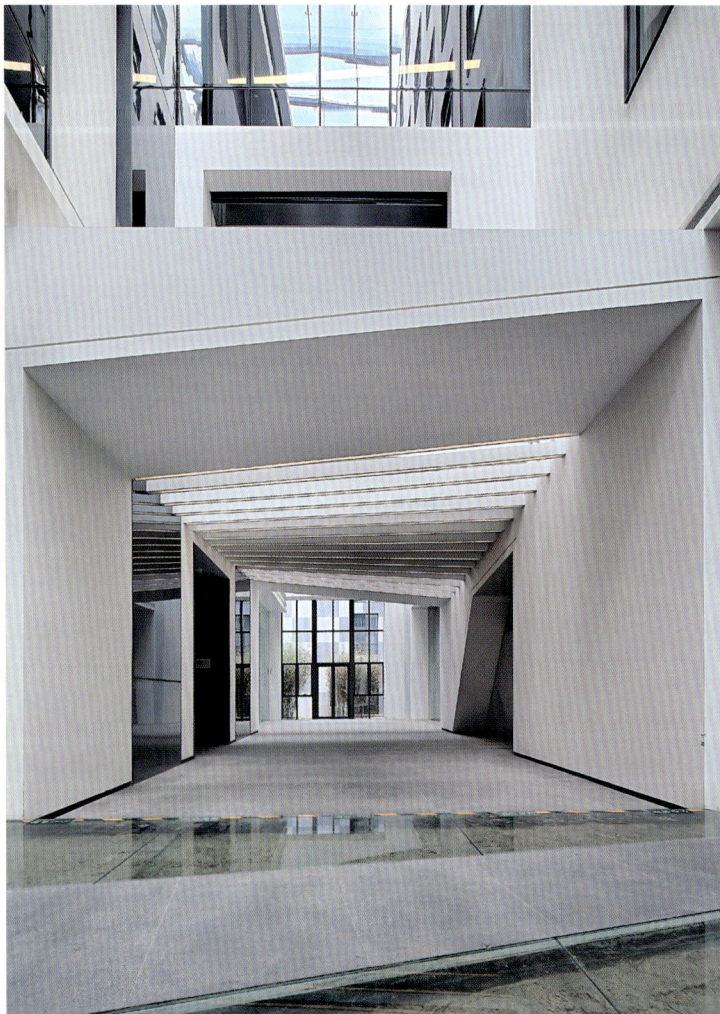

华夏置业办公室

HUAXIA REAL ESTATE OFFICE

设计单位：二合永空间设计事务所
设　　计：曹刚、阎亚男
面　　积：1100㎡
主要材料：火烧面石材、乳胶漆、木地板、原木板
坐落地点：郑州
完工时间：2015.02
摄　　影：吴辉

弧线是一种形态，留白是一种心境，当两者在光的撮合下，弧线、斜墙已经不再是那位调皮活泼的"少年"。留白、光影也不在是那位宁静、祥和的"长者"，而是矛盾冲突后的另一种宁静。

本案在整体设计上以东方情绪与西方线条的相互融合为出发点，通过光影、留白、弧线、斜墙之间的相互作用营造出一份别样的宁静。一层大厅的设计通过对一层顶部的拆除处理使一二层在空间上相互融合，弧形墙体与白色的搭配让空间化繁为简，顶部隔墙部分为中国园林里的门窗造型，在自然光的作用下影射在麻质的画布上，形成一件光线绘制的艺术品，随着时间上的推移，影在画布上的造型也在随之变换，一直到慢慢消失。傍晚时分室内灯光开启，LOGO灯接替了自然光的角色，一束光斑让画布与灯形成了另一件艺术品。

二层空间设计借鉴了园林设计中移步换景的手法，只是"景"在设计中有了新的内容，鼓、秋千、光影、木墩、枯树、石柱代替了假山奇石，弧线斜墙代替了青砖灰瓦。接待室里红色大鼓被用作茶几，在白色斜墙的映衬下想必在此处等待、喝茶，也别有一番趣味。中式条案、改造的秋千、橘色的墙体、彩色的木头墩子、黑色的格栅、原始的水泥顶，诉说着这里的使用者也是一群活泼调皮的年轻人。

光影、人与空间的相互融合也是一个小小的特点，你可以在LOGO灯的映射下用手做出各种有趣的手影来映射在墙体上，在这里你可以是展翅雄鹰也可以是乖巧的小绵羊。黑色钢管在光线的作用下映射在每一个路过的人身上，时刻提醒着你才是主角。在光、影、墙体的相互作用下空间有了不同形态，也有了不同的情绪，每个人对空间都有了自己的感知与心境。

左1：一层大厅
右1：一二层在空间上相互融合

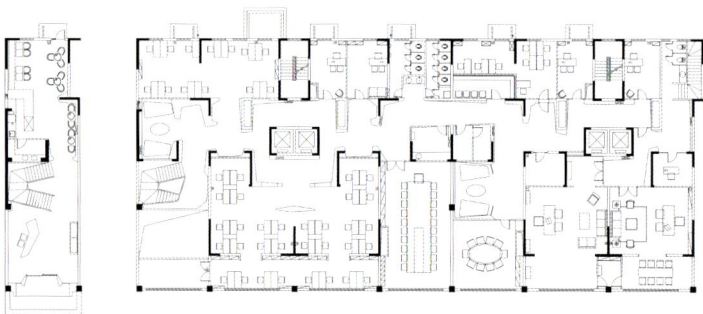

左1：光影和留白营造出一份宁静
右1、右2：枯树、秋千、光影代替了假山奇石
右3：红色大鼓被用作茶几

PAN服装工作室

设计单位：内建筑设计事务

主要材料：橡木地板、红砖、木材、手刮漆

坐落地点：杭州财富中心

完工时间：2014.11

摄　　影：陈乙

工作室的整体空间如故宫王府破墙上的鬼影，不过是不死之游魂出来闲逛，想念当下的喧嚣，何时可以再自然的浮现？"舞台"给个戏剧的场景是共处一室，看见你的哀愁、撇见我的浅薄，何干？水晶棺内、吸血之后、或可永生，见怪不怪，皆为杜撰。既无出处又无来路，只是臆想，这一切的空间幻觉都是设计师制造出来的"借尸还魂"的壳。

左1：整体空间如故宫王府破墙上的鬼影
右1、右2：样品展示
右3：各场景共处一室

虹桥万科中心

HONGQIAO VANKE CENTER

设计单位：麟美建筑设计咨询（上海）有限公司/麟美国际陈设机构
设　　计：董美麟
参与设计：贾怀南、李浩澜
面　　积：800 m²
摄　　影：金选民

未来办公的全新体验，魔都散发着魅力的魔力盒子此刻全新开启。

作为万科的老朋友，起初分析设计虹桥万科中心的时候，遇到非常大的困难。天、地、墙都不能改动，天花已完成的格栅吊灯和地面的架空地板，以及现场不能进行的水作业，都无形中增加了设计的难度。然而更为苛刻的是时间节点上的紧迫，我们不得不退而求其次，将所有的设计道具化，然后实现现场拼装和无水作业。为了秉承万科"让建筑赞美生命"的核心理念，以及利用虹桥万科中心的独特地理优势的卖点，DML Design 和万科的设计团队，准备了大量的前期工作，一切的认真和责任，对专业的态度是我们彼此信任和吸引的第一源动力。

首先我们提出了一个方向性问题，什么是理想的办公空间？在无数的讨论会议中，最终用"着眼未来，不断创新"这几个饱含了想要为消费者提供理想空间的沉甸甸的八个字，打动了我。在设计中大量运用了绿色植物，将外景引入室，回归自然还原自然，让所有体验者无论在工作还是生活中都享受着呼吸。建筑外观如宝石般通透，花园般的景观设计别具一格。我们给空间赋予了魔力盒子一般的能量，连续将不同大小如钻石般剔透的玻璃盒子及植物框架结构的魔盒，错位排列，既满足空间动向，又能深切体现无法可依又有理可循的自然哲学。

在色调上除了延续将花园景观引入室内，还设计了部分橘色的分割界面，希望每一位参观者都能体会到万科以及 DML Design 的用心，那些如阳光般的温暖，是我们想努力想要传递给每一位业主的真心。有良知的企业是体验和智慧的融合，这也是 DML Design 和万科合作多年的最大感受，他们的努力和用心就像一盏明灯，感动着你我，每一次点滴的付出，都体现在万科呈现出的所有细节上，无论是建筑、景观、室内设计、软装陈设，乃至设计之外营销市场团队提供的所有帮助，以及工程团队高效率的协调配合，甚至物业的严格管理，都写在这个橘色里。像施了魔法的盒子，深深地吸引着你我。

右1：接待台
右2、右3：大量运用绿色植物

左1：会议室

左2：模型台

左3、右1：橘色的分割界面如阳光般温暖

右2：白色为基调的办公区域

TECHNOLOGICAL DIGITAL MALL LOFT APARTMENT

科技数码城LOFT公寓

设计单位：广州共生形态工程设计有限公司

设　　计：彭征

参与设计：吴嘉、黎子维

面　　积：124 m²

主要材料：砖、木饰面、烤漆、地毯、不锈钢、玻璃

坐落地点：广东佛山

完工时间：2015.01

如何在一个不到 70 平方米的公寓中设计一个功能齐备的办公空间？设计师运用 LOFT 的设计手法来解决功能要求，同时为目标客户展示一个多功能的商住空间的可能性。项目位于佛山东北部，毗邻广州，周边业态多为中小民企，如服装、汽配、轻工产品及材料配件等。本案定位是以小型汽配代理（研发）公司为设计背景，一楼包含展示区、公共办公区、洽谈区和卫生间，夹层则包含会议室和经理室，改造后的公寓面积由 67 平方米扩大至 124 平方米。

设计以现代简约的白色调为主色，深灰色地毯强化了空间的明度对比和张力，高调简洁的色调和扁平化的设计风格营造出一个纯粹、干净的国际化办公空间氛围，挑空的中空让空间形式更加丰富的同时也便于采光和通风。

左1、右1：深灰色地毯强化了空间的明度对比和张力

右2、右3：空间局部

右4：办公区

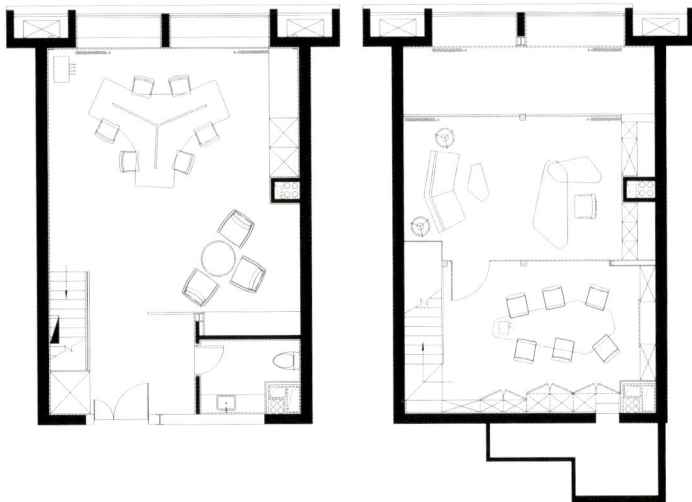

左1：以现代简约的白色为主色
左2：走道
右1：高调简洁的黑白色调对比
右2：夹层包含会议室和经理室

OFFICE BUILDING OF
DINGFENG CREATIVE
DEVELOPMENT CO., LTD.

鼎丰创展公司办公楼

设计单位：瑞设计公司
设　　计：杨永豪、王国边
面　　积：1200 m²
主要材料：大理石、钢板喷塑、手感漆、地毯、彩膜玻璃
坐落地点：浙江宁波
完工时间：2014.10
摄　　影：刘鹰

极简主义的出现最早表现于绘画领域，主张把绘画语言削减至仅仅是色与形的关系，用极少的色彩和极少的形象去简化画面，摒弃一切干扰主体的不必要的东西。融入装修设计风格后，极简主义将现代人快节奏、高频率、满负荷的办公空间转换成一种可以彻底放松、以简洁和纯净来调节和转换情绪的空间。

本案设计便是用一份极简的色调和线条来勾勒出各部分的办公功能区域。在色调方面，白灰主调使空间现代感和未来感兼具。偶尔插入的绿色和鲜红色令整个空间备感活力而又不那么过于跳脱；整块的金色又凸显出尊贵典雅。

细观各功能区间，在办公室的处理上，设计师用白绿色鲜亮地组合在一起，一下子赋予办公环境活泼的氛围。会议室白绿色的搭配也与之呼应，极简的会议桌和几个直角所构成的线条彰显严肃感，整个空间也因此而变得立体起来。惬意的公共空间内，实木高脚凳点缀，质感十足的材质与一旁休息室的绿沙发形成了极佳的过渡。

再看前台，整片白色背景上点缀着整块的金色 LOGO 与铭牌，极简之中霸气凛然。值得一提的还有地毯的选择，依然是极简的线条组合，辅以蓝灰色的主色调，简约里透着舒适。

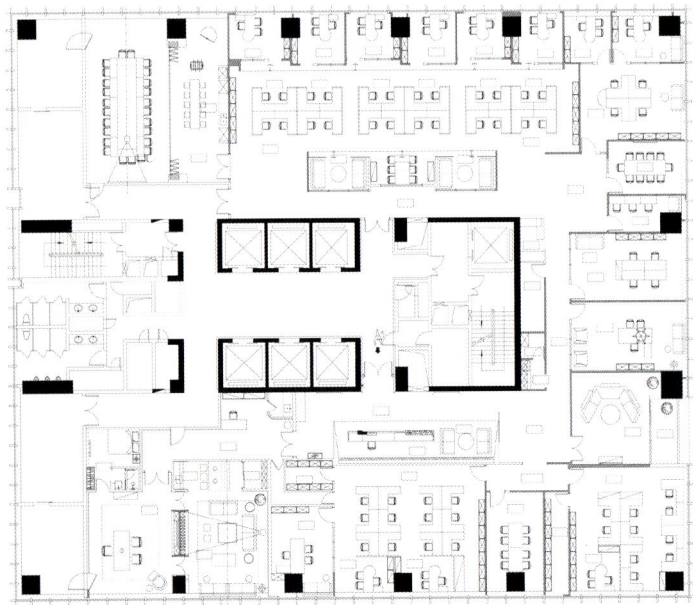

左1、右1：入口处
右2：办公区

左1：白绿色的鲜亮组合

左2：会议室彰显严肃感

左3：实木高脚凳点缀

左4：过道

右1：红色秋千

TIANMAO DESIGN
INSTITUTE OFFICE

天茂设计院办公室

设计单位：江苏天茂设计院
设　　计：曹翔
面　　积：400 m²
主要材料：石材、成品木饰面、块毯、实木地板、成品玻璃隔断
坐落地点：南京市江东中路万达广场
完工时间：2014.09
摄　　影：贾方

本项目是我们自己新的办公室，设计之初，大家一起探讨：设计公司自己的办公室，应该呈现什么？是文化的堆砌、色彩的绚烂，还是材料的夸张组合？结果都不是，我们只是需要一个纯粹的办公环境。

最小限度地压缩独立办公室，尽可能设计出最大的开敞办公区，并给予最好的自然采光，能容纳所有设计人员，以适应创作过程中随时存在的即兴头脑风暴。前台接待、水吧台、讨论区形成一个岛区，丰富了空间层次；讨论区和休息区适用于正式、非正式的相对私密的讨论、交流、会议等功能需求；水吧台位于各公共功能区的中心，使用便捷；会议室除了日常会议外，更多是用来对内外的交流、洽商及汇报，设置的调光系统满足不同的场景需求。

空间注重收边接口和层次上的细节，整体表现简洁利落，用类似"迷宫"的图案进行演变，连续的纹样浅浅地表达着设计的深邃和传承。

左1：前台和水吧区在空间中形成岛状
右1：绿色点亮了白色空间
右2：办公区

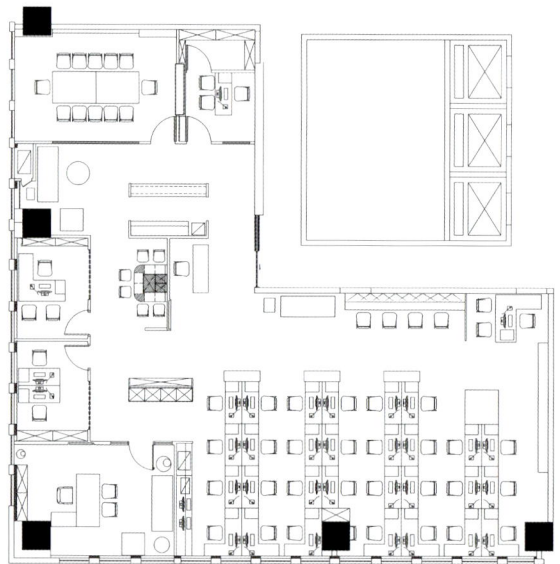

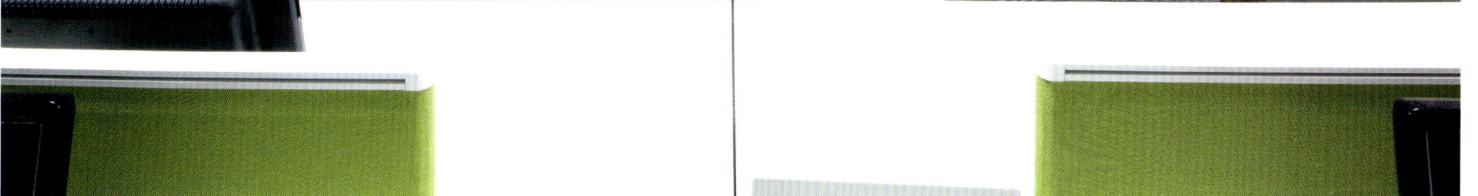

左1、左2：公共区域的过道
左3：黑白灰的色调用不同材质的质感来体现对细节的追求
右1："迷宫"图案进行演变的连续纹样
右2：讨论区

CARMEN FASHION GROUP
HEADQUARTERS OFFICE
BUILDING

卡蔓时装集团总部办公楼

设计单位：JDD经典设计机构
设　　计：江天伦
参与设计：马桂海、杨帅、甄结壮
面　　积：12000 m²
主要材料：雪花白大理石、烤漆板、皮革、灰镜
坐落地点：广东虎门

卡蔓时装集团是从事时尚女装的设计与制作，室内设计师创意巧思的把女装布料的轻盈、轻柔的纱幔贯穿到整个设计中。在主要空间中塑造了富有企业文化寓意的艺术装置，带来空间乐趣。前台接待处一体成型的发光卷帘，视觉效果惊艳之余带来更强的空间感和设计感；石材楼梯卓然大气而格调不凡；极具特色的空中花园，玻璃镂空的天花设计，自然采光接天地之灵气，夜幕渲染的那一抹湛蓝，彰显非凡情境。

左1：前台接待处一体成型的发光卷帘
右1：温润的地面

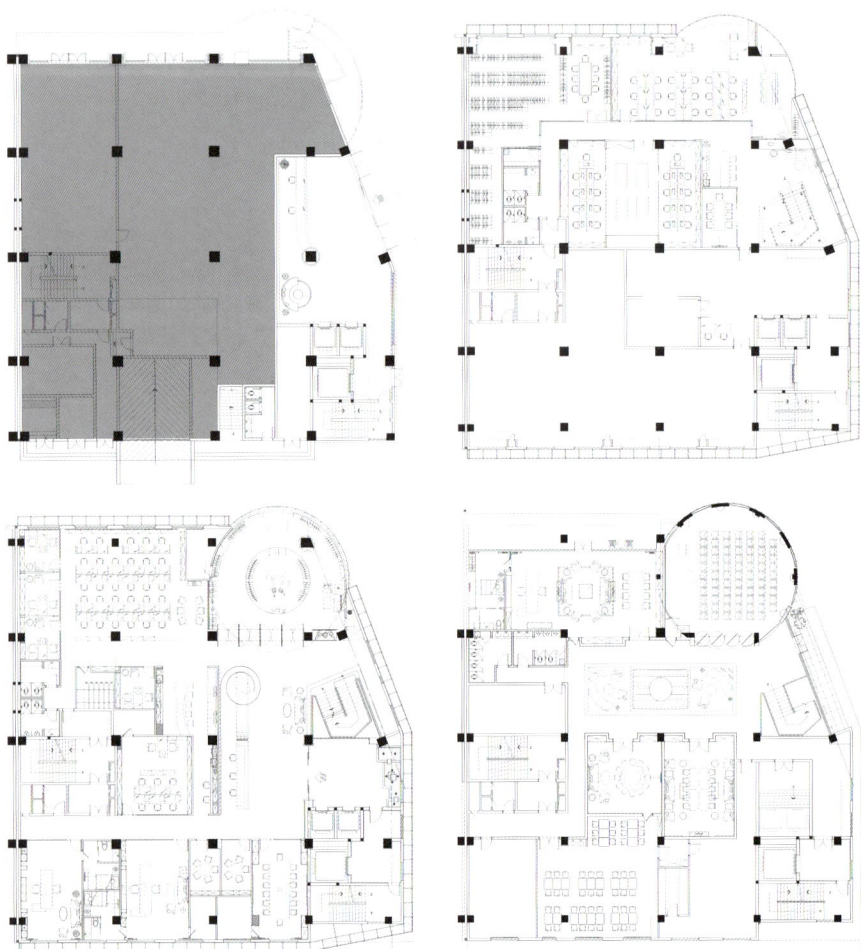

左1：休息区
左2：石材楼梯卓然大气
右1、右2：玻璃镂空的天花设计
右3：夜幕渲染出那一抹湛蓝

HAPPINESS IN THE OLD HOUSE

老房有喜

设计单位：荷丹建筑设计事务所
设　　计：刘雪丹
面　　积：65 m²
主要材料：旧木、水泥、石灰、旧木地板
坐落地点：合肥
摄　　影：金选民

往小区深处前行，曲里拐弯却无需指引，隔着芭蕉听雨声，耳畔仿佛是《小石潭记》里如鸣佩环的清音，循着圆砖埋下的伏笔便到达了老屋门前。是后院新开的门，灰色砖墙砌得正直厚重，而不忘嵌入些许俏皮，檐上覆着绿叶做的厚厚刘海，屋门半掩，一切的细节都在透露一个讯息——老房有喜事。

推门而入，小院里绿意葱茏。芭蕉毫无争议地领衔了这初夏时节里的花木盛事，蕉叶一旁，健硕而沧桑的原木依墙就势搭造出一个出人意料的"美人靠"，大观园里的"蕉下客"是果敢的三姑娘探春，此时此地若有人蕉下休憩，那也该是个俊眼修眉的风流人物。

老房有喜事，传统的工艺与自然的装点让老房重获新生。又一重玻璃门推开，灯光柔暖，岁月如歌萦绕在屋内。脚下是未曾更改的水泥地板，头顶上充满怀旧感的绿色军工电风扇仍在如常转动，东墙由两扇从北方百年老屋拆下的柿蒂纹原木门板改造成了一道屏风，对角墙边的立灯则来自最具西方感的宜家，挂钟和斗柜显然都是老屋的忠实伙伴，白墙上花影婆娑，一切古老与现代、传统与西方的对比都毫无违和感，因为它们同样代表着生活本真的质地，朴素、自然、坚韧。

接下来便没有门了。因为做办公用，室内除了卫生间，所有的门被取消，改善了通风与采光。而在天青色等烟雨的日子里，灯光仍是亮点。老榆木门板裁成的长桌毫无疑问是沙龙所在地，所有意见与风度都会自然朝此处聚集，在充满关怀的灯光下，红茶与白兰瓜都具备了美学价值，谈笑间该是怎样妙语频出？

为使格局更为通透，人工凿出了一扇空气"门"，工作区与卫浴区之间没有了坚硬阻隔，红砖原始的肌理裸露在视线中，是对缺憾美的高调尊重；书架旁停放着蓝色简易儿童自行车，是在温柔怀念你我的童真；青铜质感的电灯开关，是工业革命时代的产物，在今天的每一次触碰，都仿佛在触碰那个生机勃发的时代脉搏。凡人工所为，必不完美，而只有包含了无可替代的人工，才能随时间沉淀出非凡的价值。

每个房子最初都是新的，每个家庭在搬进去的第一天都有着无限欢欣与希望。房子会老，而真挚的情感不染尘埃。老房子有一千零一种升级方案，这是其中之一。

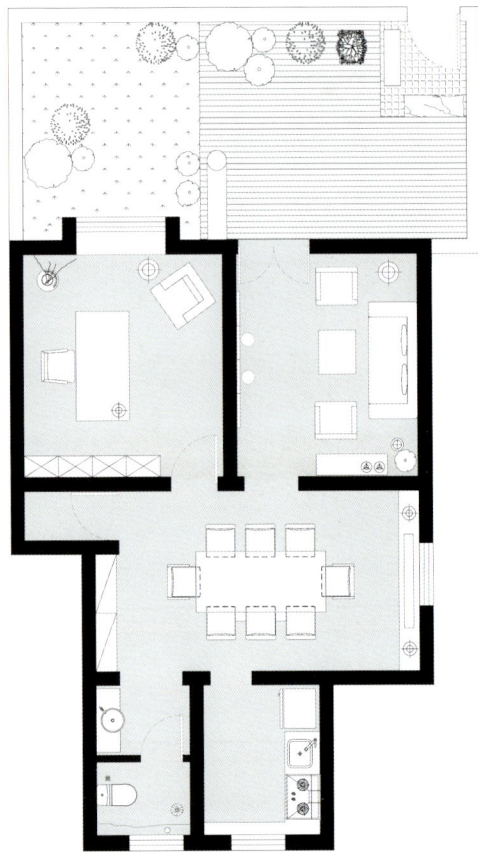

右1：从起居室望向客厅
右2：庭院
右3：除了卫生间所有的门被取消

左1：客厅
右1：工作室
右2、右3：卫生间细节

朗诗集团钟山绿郡办公楼

LANDSEA GROUP
ZHONGSHAN LVJUN
OFFICE BUILDING

设计单位：南京万方装饰设计工程有限公司
设　　计：吴峻
参与设计：陈郁、姚明网
面　　积：3200 m²
主要材料：木饰面板、烤漆钢板、麦秸秆、穿孔石膏板、烤漆板、钢化玻璃、硬包墙板
坐落地点：南京
摄　　影：吴峻、花磊

朗诗集团的办公总部位于南京仙林，是一座简约式的现代建筑。本案的目的在于
引入当代办公空间设计的最新理念，结合朗诗集团倡导的"绿色环境"主张来打
造一个既符合使用需求，又体现业主企业精神的办公场所。

设计从原建筑的空间特色出发，创造了"夹心"式的空间格局，即将办公环境中
的公共服务性空间设置于本楼层的核心，同时通过"非正式交流区"来满足行为
需求并丰富空间形态。在材质和视觉设计上，始终遵循绿色环保的原则，采用了
自然环保的装饰材料，并尽可能利用自然光线达到室内节能的效果。色彩方面，
力求以材质的自然本色来形成清新明快的室内色调。

左1：展示功能的细部设计
右1：门厅与企业展厅的融合

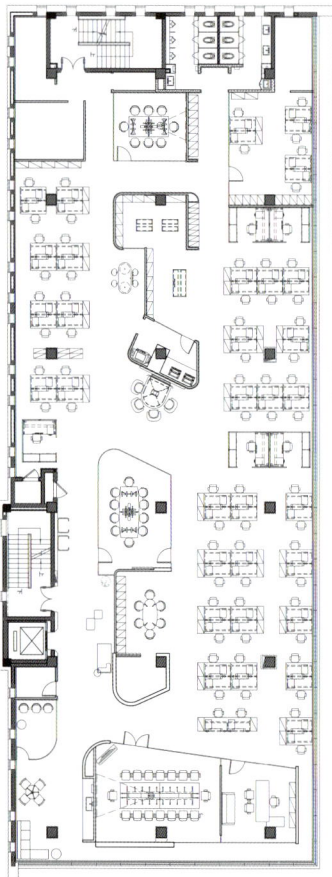

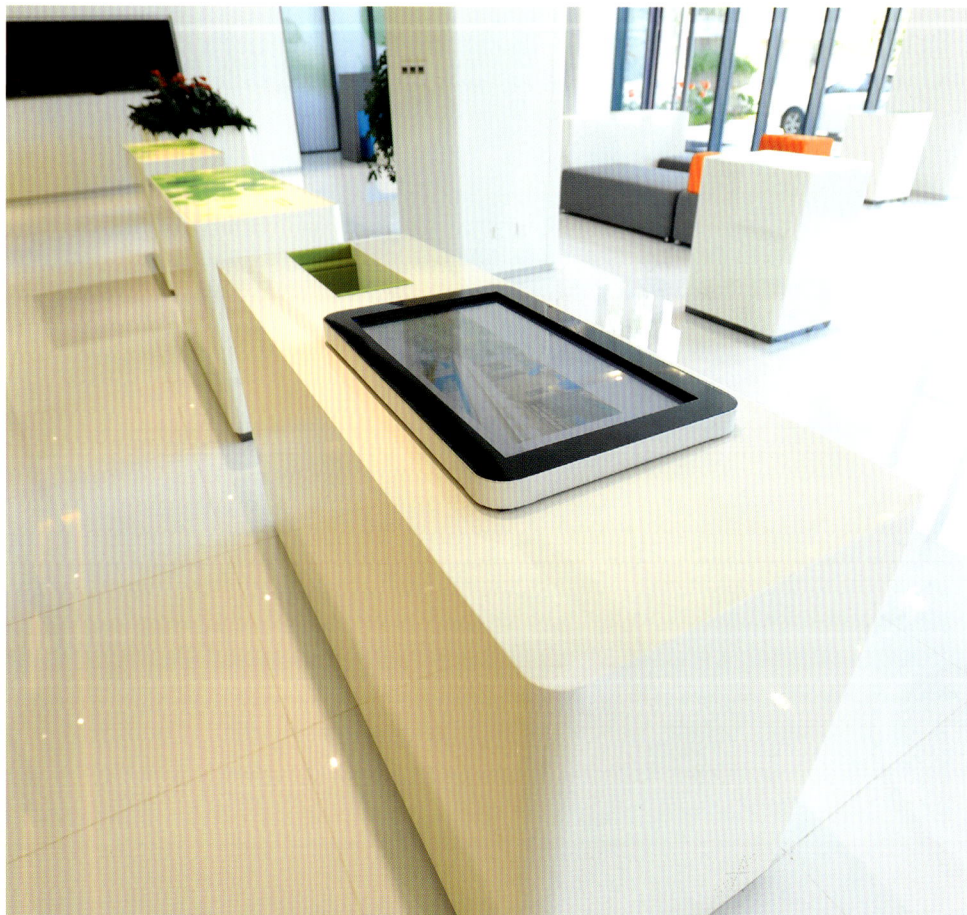

左1：休息与交流的空间
左2：办公空间的非正式交流区
右1：高管层的接待空间
右2：通透的室内空间

新浩轩办公室

YINHAOXUAN OFFICE

设计单位：宁波浩轩设计
设　　计：郑钢
面　　积：300 m²
主要材料：金刚砂地坪、水泥艺术漆、混泥土凿面墙、木饰面、艺术马赛克
坐落地点：宁波
完工日期：2014.10
摄　　影：张学泉

从浩轩的老办公室（LOFT独栋），到目前的新办公室的调整。是一种心态的转变，是一种工作环境的转变，甚至是一种生活品质的转变，因为是两种截然不同的环境和建筑类型。

本案设计初期，设计的重点是放在如何优化室内建筑空间之上，因为是个底层挑高6米的景观商铺形态，空间中有许多大楼的结构柱、剪力墙、消防管道、排水管等，在如何利用好整个挑空空间，最大化绽放空间的舒适度，是最早一直在思考的设计重点。

6米的层高、朝东南的落位、南向的景观河景绿化，这些元素的混合，在设计深化思维中，重新进行了空间搭配，二者发生了很巧妙的发酵。我们把空间总体分为上下两层，一层是门厅挑空空间和物料中心，二楼东南角的落地窗视野区全部安排为设计师办公区。对空间进行了人性化的划分，充分利用了室外环境，让人愉悦放松地去享受创作。

整体办公空间运用黑白色、几何块面及曲线、光影及自然光的结合效果，来完成总体功能分区的划分和定义，最大限度的完善原有建筑空间的不足，最大可能提升现有空间的优越性，来满足整个创作团队的功能需求和工作品质的提升。设计中采用了简单的物料组合，在优化空间的同时做到了功能性和实用性的完美结合。一层的门厅同时也承载着企业文化的传达，整个空间由很多条弧线点缀，弧形的楼梯、延伸出来的半弧形地面、简约的汉白玉石子枯景，让人冥想的企业雕像坐落其中，结合不定期的枯景图案制作，传达设计团队的活跃创作思维。在雕像的上方，挑出一个马蹄形的趣味空间，外观用条形木条包围，利用挑廊和整个二楼的创作空间连在一起，寓意创作动力的源泉，空间中可以休息、看书，或是冥想。大厅的原有结构柱是设计师特意保留下来的，特意强化了表面处理，用混泥土的粗糙质感和整体细腻的装饰环境形成适当的反差。整体空间的色调也进行了深浅的比例调配。白色是主导色，黑色部分的体量感和存在感在空间中进行过拿捏，通过光影的穿插让空间更显层次感。

右1：门厅局部
右2：楼梯间
右3：物料间
右4：门厅全景

左1、左2、左3、左4：设计部
右1、右2：总监室

一野设计工作室

YIVE DESIGN STUDIO

设计单位：一野设计
设　　计：杨航
面　　积：160 m²
主要材料：木质地板
坐落地点：苏州工业园区星湖街
完工时间：2014.12
摄　　影：AK空间

将160多平方米的空间分隔出四大功能分区，包括办公区、洽谈区、休息区、会客接待区。主要表达简单而不失时尚，美观而不失风格的设计特点。

为了突出设计公司的主题，公司入口处墙面内嵌的字予人深刻印象，入口处的地面拼花砖定制砖也注入了"一野设计"四个大字。走进工作室左手边是会客接待区域，用镂空木质板把空间分隔开来，地面铺设青灰色地砖，墙面扫白挂画，木质灯具简单大方。

再走近一看整个空间豁然开朗，首先一个大岛台映入眼帘，岛台用木地板制成，上方灯具由自己设计，中间吊挂起来的朽木是一大亮点。岛台的左右两边都是办公区域，靠窗角落里的干枝树以及三个榆木书架更彰显了中式的味道，两堵档案墙记载着客户与我们共同走过的路程。2015年又是一个新的开始，我们会做得更好。

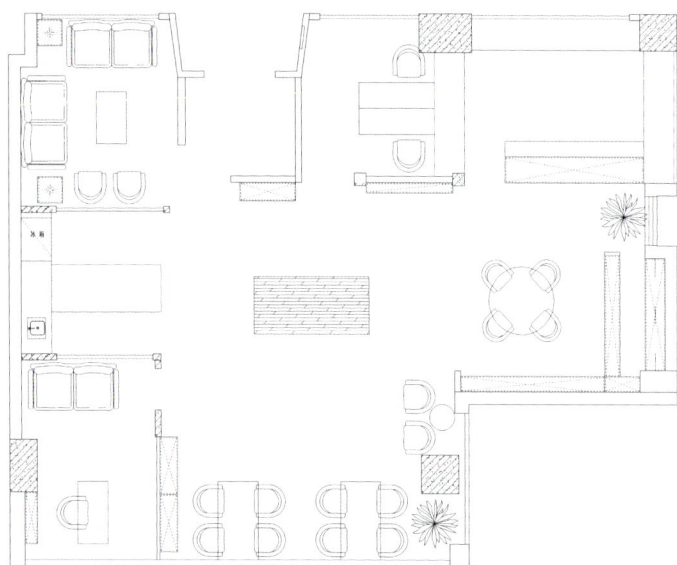

左1、右1、右2：地面铺设青灰色地砖
右3、右4：镂空木质板区隔空间

左1：中西家具的混搭
左2：岛台用木地板制成
右1、右2：空间局部
右3：墙面扫白挂画

TIANYE OFFICE

田野办公

设计单位：米凹工作室
设　　计：周维
参与设计：许曦文、苏圣亮、陈婷
面　　积：428 m²
主要材料：白色烤漆钢板、竹地板、割绒地毯、白色亚克力
坐落地点：上海浦东新区
摄　　影：苏圣亮

业主是一家从事有机农业投资的公司，希望通过一个集展示、参观、洽谈于一体的办公室来体现其主营方向。办公室位于上海最繁华的商务区陆家嘴，从办公室内就能将浦江两岸尽收眼底。

一亩农田被置入这样一个高层办公楼中，抽象的玻璃盒子与绿植交错组合，产生丰富的路径和通透的视线，使办公室中的每个人都能拥有身在田野却坐拥黄浦江美景的独特体验。

绿植被分为高低不同大小不一的四个部分，以水平或垂直的方式布置在办公室中。与不同的功能空间相结合可引发多样的活动，或站或坐，或停留或穿越。新兴的LED 植物补光和自动灌溉技术模拟了室外的光线和湿度环境。这样的环境不仅满足了植物生长的需要，也使人们忘却了身处高层办公楼中。

有香气、甚至可以食用的植物改变了整个办公室的气味。喜阳的薄荷、迷迭香、罗勒被种植在南向的窗边，靠近员工工作区，阳光有利于植物的生长，散发的清新气息令人愉悦。豆瓣绿、黄金葛等耐阴性强的植物组合种植于绿墙上，绿墙系统自由度较高，可随季节更替变换植物种类。

办公室内没有阻隔视线的"墙体"存在，玻璃盒子最大程度地保证空间的通透性，不同高度的植物使空间的层次变得丰富。植物种植的花池采用白色烤漆钢板和亚克力的组合，精致轻盈具有漂浮感。 固定家具则适当减小尺度，使植物更为突显。

越过办公接待区，尽端的会议室被包裹在视野最佳的转角内。竹地板与草绿色圈绒地毯相组合，进入时的脚感变化明显，仿佛踏入田野。在这里，人、植物和江景，彼此感知和体会。

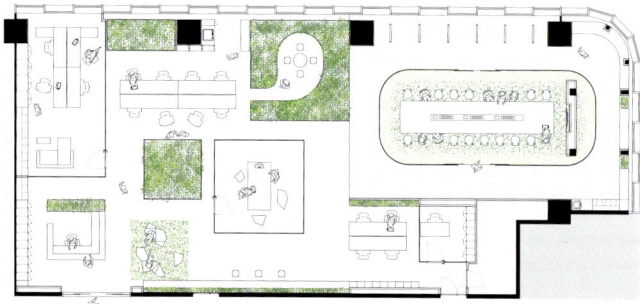

右1:位于室内中心的洽谈室被三片各有特色的绿植包围，营造出安宁平静的氛围
右2：入口处的前台与接待区，通透的办公环境中，白色的家具与墙柱一体，使整体空间干净透明，绿植与绿色地毯标示出各空间的属性与相互间的连续

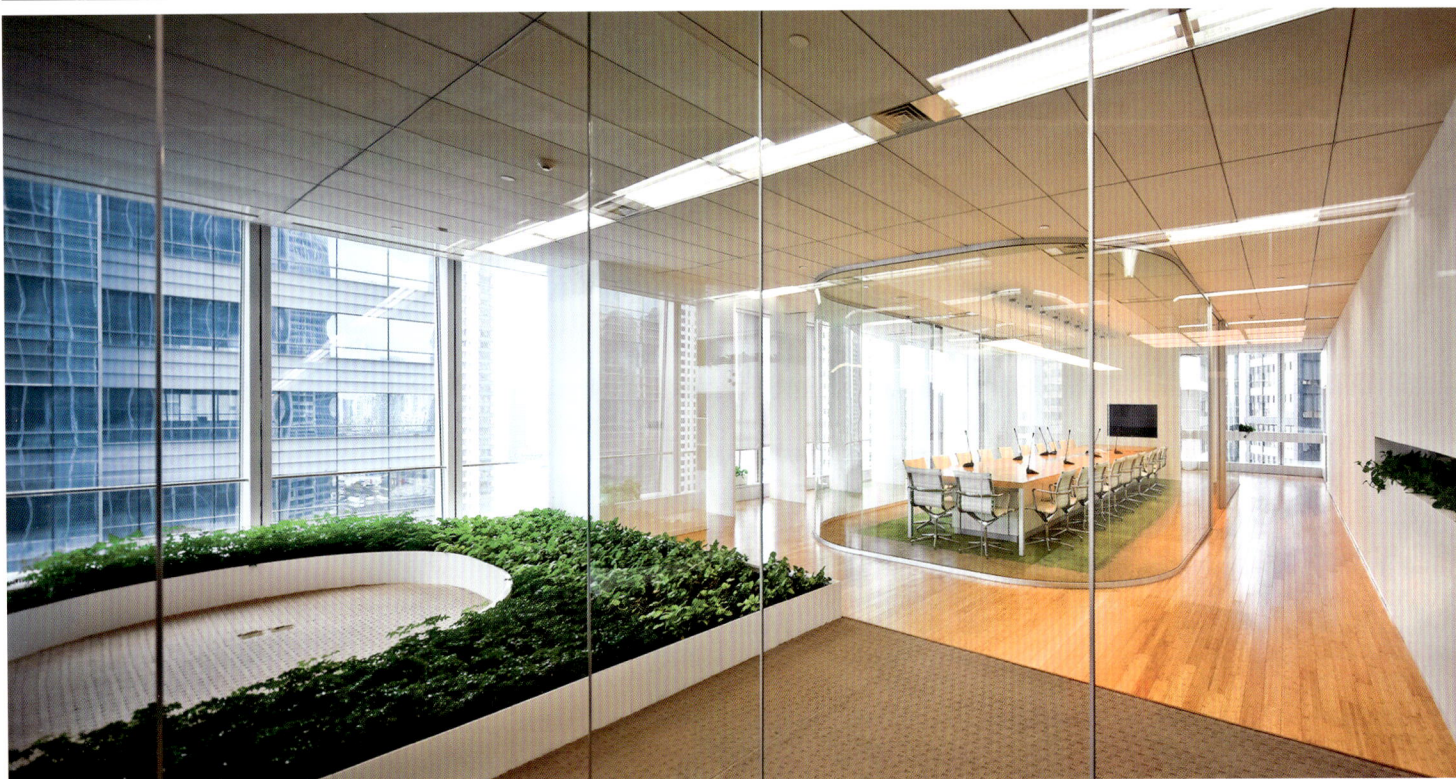

左1：员工工作区与休息区，在窗边为员工创造了一片可供休息的绿色空间

左2：从洽谈室望向会议室

右1：会议室外围选用硬质的竹地板，内部则选用柔软高档的浅棕与绿色渐变混编的地毯，意图在触觉与视觉上形成踏入草地般的微妙感

受，会议室外部的空间被塑造成吧台与企业文化展示区，为可能进行的商务酒会提供条件

右2：室内一景

无咎集团
WUJIU GROUP

HEADQUARTERS OF
HYTERA COMMUNICATION
CO., LTD.

海能达通信股份有限公司总部

设计单位：深圳市黑龙室内设计有限公司
设　　计：王黑龙
参与设计：王铮
面　　积：20000 m²
主要材料：石英石、雅士白云石、人造石、塑胶地板、吸音板、木饰面、扪布
坐落地点：深圳市高新技术产业园北区北环路海能达大厦
摄　　影：刘永报

设计以一种隔而不断的方式将接待背景和天花一体化，解决了空间界面过于纷乱的问题，使大堂有序并具有理想的空间气度。比例讲究的格栅组合透光通气，整体却不沉重，既能划分空间又能使大堂和连廊相互联系，从大堂仰望连廊光影交映变幻，诗意和谐。经过设计后的大堂界面完整，条件理想，内空高 8 米，进深约 10 米，开阔而通透，结合墙面造型，给人以上升态势和挺拔感。

简练大气的格栅组合具有极强的发射感，符合设计主旨，同时也吻合了通讯企业的行业特征。附着于格栅侧边的海能达 LOGO 造型与格栅一体化，干净利落，随观者角度变化而时隐时现，以含蓄的方式诠释了企业内涵。纯白硬朗的接待背景，一者为了衬托企业 LOGO，二者是整个空间系统化设计的延续，并且使空间具有较好的持久性，不易产生视觉疲劳。

左1、右1：简约白色点缀上绿植
右2：海能达LOGO造型与格栅一体化

左1、左2、左3: 空间局部
右1：走道
右2：小会议室
右3：办公区

左1、左2: 休息区
右1: 纯白硬朗的背景

WUDANG CAR

武当1车

设计单位：文焯空间设计事务所
设　　计：谢文川
参与设计：严慈、戴飞
面　　积：800 m²
主要材料：石膏板、植物墙、塑胶地板
坐落地点：湖北省十堰市白浪中路
完工时间：2015.02
摄　　影：张浩

本案设计完全打破传统的办公空间设计思路，把环保健康低碳的生活理念融入到整个办公空间，整面的植物墙体现了企业旺盛的生命力。圆弧及曲线主宰着整个空间，使空间如流水般灵动自然、润物无声，配以米黄色及白色，更突显了温馨整洁而不失干练的感觉，极富人情味儿。完美的弧线贯穿了整个空间，地面写意的线条明确了整个空间的动向，敞开的办公区域让大家的沟通和学习更加方便。空间的通透性和视觉冲击在这里体现得淋漓尽致，办公室背景的书架和办公桌都极具视线的延伸性，整体空间设计营造出的是超越现实般的，"TRON"一般的科技感与未来感。

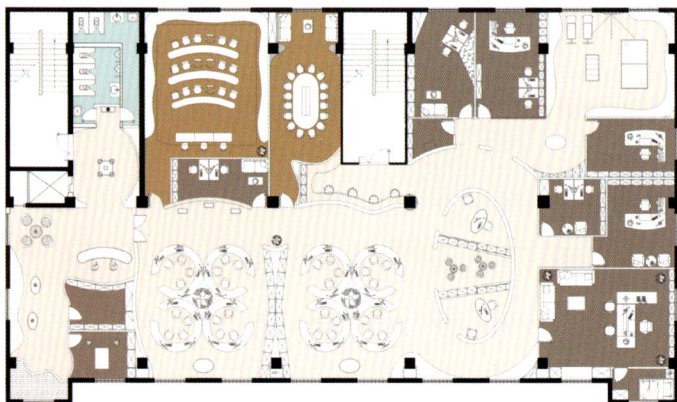

左1：整面植物墙体现了企业旺盛的生命力
左2、右1：圆弧及曲线主宰着整个空间

左1：地面写意的线条明确了空间的动向

左2：影音室

右1：休息区

CHINA ECOLOGICAL OFFICE
中企绿色总部中企会馆
DISTRICT ENTERPRISE CLUB

设计单位：广州共生形态工程设计有限公司

设　　计：彭征

参与设计：梁方其

面　　积：50000 m²

坐落地点：广东佛山

完工时间：2014.11

中企会馆位于中企绿色总部园区二期，原本两栋独立的企业总部被合二为一，设计成一个以服饰文化为主题的会所。建筑地上五层，地下一层，一楼为大堂和接待处，并设有容纳200人的时装发布厅；二、三楼为办公室和会议中心；四楼为会所式餐厅和酒吧；五楼为VIP私人会所；总面积5000平方米，是一所集展示、商务、会议、办公、休闲于一体的大型会所。

设计突出"礼宾"、"专属"、"品质"、"底蕴"四个关键词，融合现代奢华与独特典雅于一体。整体设计风格豪华稳重，雍容典雅，怀旧的百老汇经典场景与东方装饰主义风格并存，体现了东西方现代文化的共荣共生。

室内设计强化了建筑空间的优势，巧妙地运用自然光与各种灰空间，并赋予丰富的空间体验，这里有15米高的中庭，引入自然光的天窗，6米高的时装发布厅和有水景的地下室。漫步于建筑之中，各种经典场景的闪回，东西方文化的交融共生，如同展开一场步步为景的心灵旅行，我们期待这个空间充满丰富的体验和令人难忘的故事。

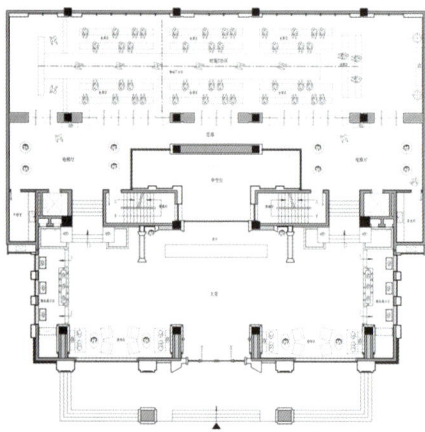

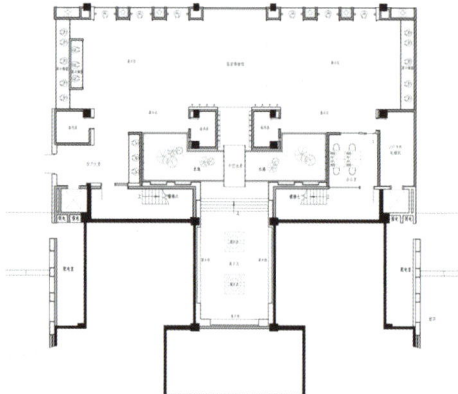

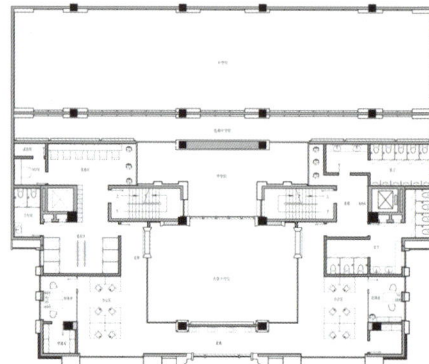

左1:外部全景

右1:大堂和接待处

右2、右3：光线与空间完美结合

福州屏南商会

FUZHOU PINGNAN
CHAMBER OF COMMERCE

设计单位：子午设计
设　　计：施传峰、许娜
面　　积：336 m²
主要材料：陶瓷、软膜、玻璃
坐落地点：福州
摄　　影：周跃东
完工时间：2014.08

作为福州市屏南商会使用的私人会所，设计师以汇聚东方灵气和西方技巧的新东方主义风格作为空间的整体格调，并融入屏南的风情文化，打造了一个雅致有余的气质空间。这个空间简约而素净，没有一丝杂乱和多余的装饰，饱含禅意的东方气韵让人产生心灵的共鸣。

屏南商会会所空间面积300余平方米，前身为办公室空间，在预算十分有限的条件限制下，设计师尽心寻找合适的材料，力求在低成本前提下也能达到完美的空间效果。空间整体呈长方形格局，从入口进入内部是一个逐步递进的过程。进入会所前需要穿过一个回廊，回廊地面以汀步的形式铺设，白色的细碎鹅卵石配上黑色大理石汀步，流淌着自然的气息。墙面和天花以方钢拼排而成的栅栏装饰形成一个半包围空间，方钢被粉刷成黑色与地面搭配，埋设在地面的射灯向上照射形成迷人的光影效果。站在回廊里像是穿过一个隧道，在尽头一块中部镂空的石壁屏风挡住了大部分的室内风景，但中部的圆洞就足够引发人们的好奇心。这样的设计不仅与古时照壁有着异曲同工之处，同时又使用到园林的造景技艺。

绕过照壁会所，空间正式展现在眼前。空间以中轴为线分割为左右两个区域，中线用屏风装饰。左侧空间以一张10米的长桌为主体，大体量的黑色木桌加上摆放整齐的高背椅，带来不小的震撼感。地面大面积用青砖铺设，在桌椅摆放区域选用米黄色瓷砖拼出简单的花纹代替了地毯。顺着桌子望去，尽头的墙面细细描绘着水墨山水画，这样洗尽铅华的美感不沾染一丝俗世的嘈杂。右侧空间为别具一格的下沉式茶座区域，紧邻茶座的装饰墙也创意十足，整个墙面用等量切割后的PVC管整齐排列而成，背后辅以软膜，将灯管藏匿其后，光线透过软膜散发形成有趣的光影效果。吊顶看似立体实为平面，边框用黑色颜料描绘出效果。室内光线除了装饰性的吊灯外，最主要的则是单点射灯的照明，可控的点射光线对于空间氛围的营造起到至关重要的作用。

空间后部的回廊延续前部汀步的基调，门洞用PVC管切割组合成钱币样式。回廊摆放上石首、石柱作为装饰，墙面以工笔画的方式描绘着屏南著名的万安桥，让屏南的文化气息融入在空间之中。整个会所空间色彩简约纯净，视觉比例恰到好处，空间的动线流畅且层次丰富，写意般的空间氛围让置身其中的人们由心感到放松。

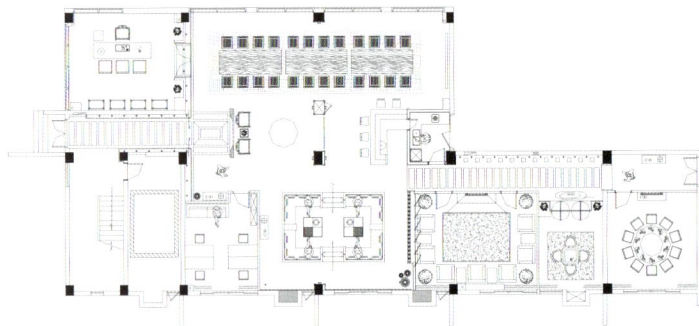

左1：以汀步的形式铺设的回廊地面
右1：空间以中轴为线分割为左右两个区域
右2：别具一格的下沉式茶座区域

左1：室内一景，充满屏南的文化气息

左2、左3：墙面以方钢拼排而成的栅栏装饰形成

右1：会所空间的左侧

JINAN YANGGUANG 100 ART GUILD
济南阳光一百艺术馆

设计单位：深圳市派尚环境艺术设计有限公司
设　　计：周静
面　　积：2888 m²
坐落地点：济南

本项目有着艺术品展出和售楼的双重功能需求，如何打造一个"艺术馆里的售楼处"是我们设计的切入点。希望借由良好的艺术氛围来提升售楼处的空间内涵，给项目注入丰富的人文素养和艺术感染力，从而提升项目的整体品质，营造出符合项目发展需求的全新形象。

同时，这个项目也给我们带来了多重挑战：由于造价限制需要以尽量低的硬装造价，来实现具有品质感的空间效果；不能对原有机电进行改造，因此天花不能尝试层次变化丰富的造型，给创意带来诸多限制；施工工期极短，需要选用尽量易实现的方案；会馆的意向展品和配套功能设施偏向中式风格，需要处理好极简空间形态和重视陈设之间的关系。最终在深化设计的过程中，我们找到了在多重限制条件下，赋予空间独特气质的途径：简单的线条在大块面的形体上勾勒出具有东方禅意的空间轮廓。

在大的空间区域中，用多样化的艺术品陈列柜进行二次空间细分，无论处于任何区域均可体验到置身艺术品鉴赏空间的氛围。镂空柜体与白色实墙相互映衬，视觉效果丰富多变，淡化了空间的限定，从而促进了人与空间的对话。陈列柜以深色木质的柔和色调和经过简化提炼的中式传统家具形态凸显出色彩丰富的艺术品。一层会馆入口的双层挑空区域，以毛笔和泼墨画传递出灵动淡雅的书画意境，巨大的体量也使这组装置具有了戏剧性的装饰效果，成为会馆一个重要的记忆点。二层接待台和一层贵宾茶座的天花装置，采用了传统青花瓷的色彩绘制工笔白描植物图案，为功能性的设备赋予典雅精致的气韵。经过简化提炼的中式木格元素在空间中重复使用，作为空间界定、视线引导、加深记忆的重要道具，并呈现出多变的光影效果。

家具的形体和材质均经过精心的选择。木制家具的线条轻盈简洁，造型呈现出比较刚性的形态，但同时追求丰盈的木质纹理、自然的触觉和柔和的漆面光泽；布艺家具体量敦实，但造型则柔美圆润，部分辅以细致的图案点缀。设计师希望通过家具形式的选择，传递出东方传统所追求的刚柔并济的哲学思维。家具色彩则根据各自所处空间，讲究与界面装饰、陈设品的搭配和呼应，一起构建起一个完整缜密的空间气场，在营造沉稳静逸氛围的同时，坚定地表达现代东方的美学态度。

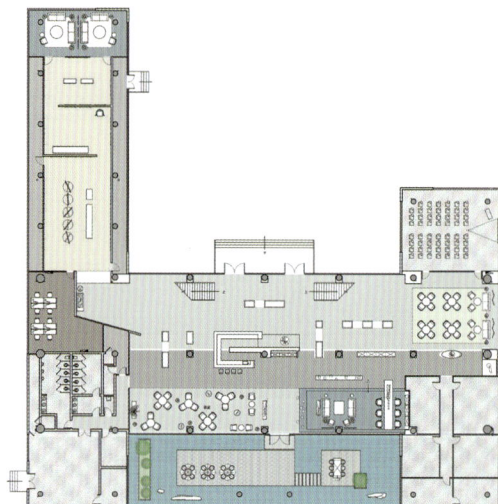

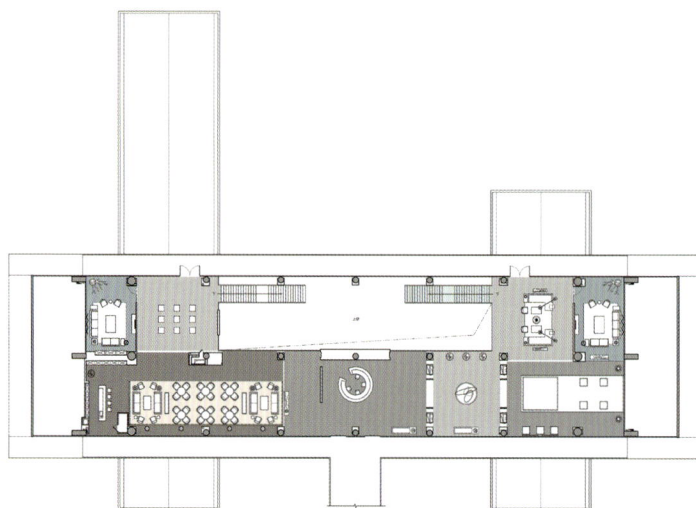

右1、右2：会馆入口的双层挑空区域以毛笔和泼墨画传递出灵动淡雅的书画意境
右3：艺术品摆设尽显人文素养和艺术感染力

左1：典雅精致的布局
左2、右2：木质和布艺家具体现出刚柔并济的哲学思维
右1：近景

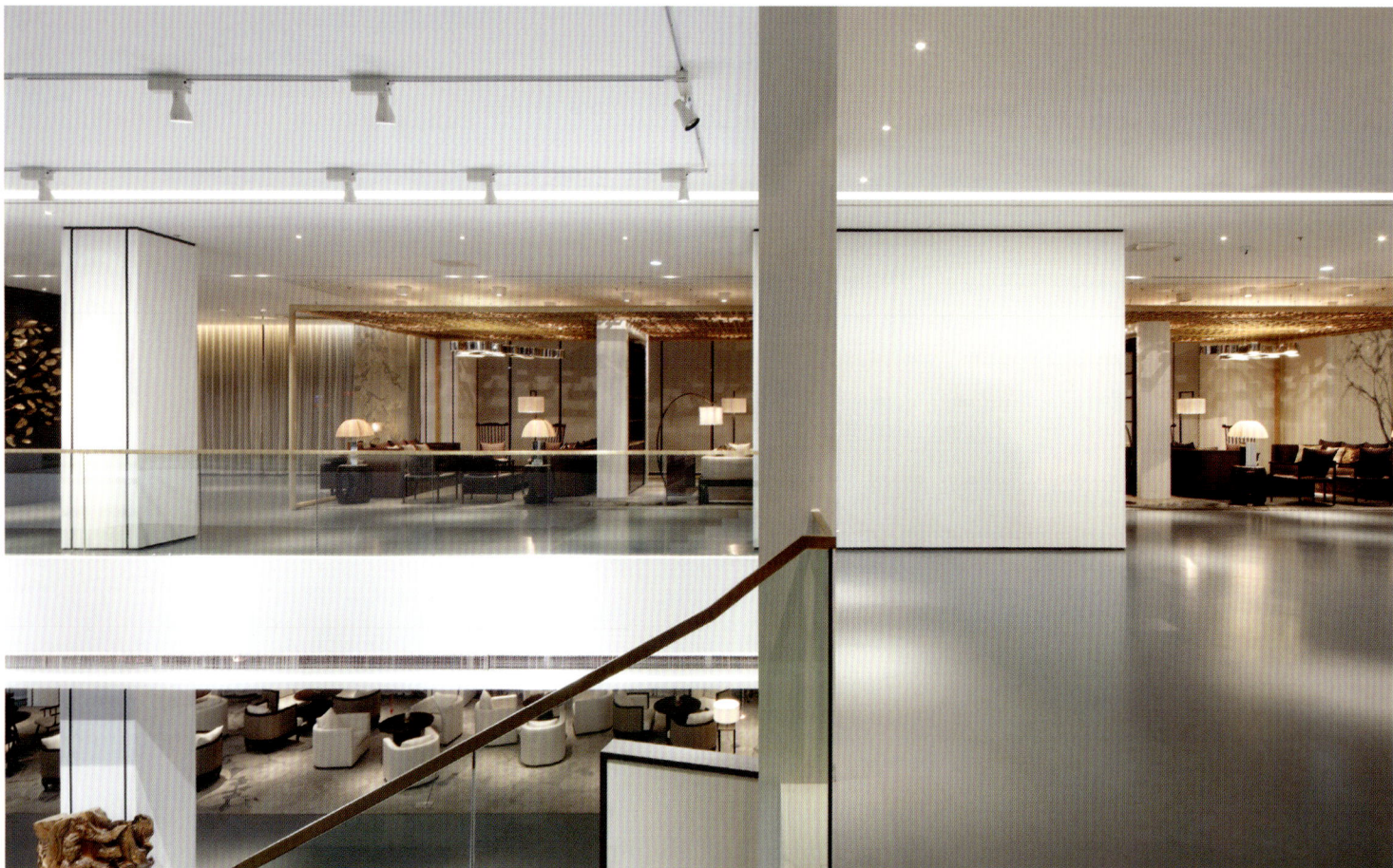

时代云

CLOUD TIMES PROPERTY SALES CENTER CLUB

设计单位：DOMANI东仓建设
设　　计：余霖
面　　积：1200 m²
主要材料：白栓拼纹板、黑麻石材肌理面、仿岩肌理漆
坐落地点：珠海市金湾区平沙镇升平大道600号

如果有机会仰望大地，你会知道这世界的美好在于：可能性。

一个公共空间的作用是什么？思考很久后的结论是：公共空间除了能够完整承载公众行为和梳理公众秩序（功能流线）外，更大的价值在于从感性上给予受众一些想象力与思考的可能性。因此，公共空间是一种明确的声音，它告诉你或者奇异、或者美好、或者性感、或者震撼、或者平静，缺少这种声音的公共空间是失败的。在此项目中，我们试图传递的声音是情绪化的：如果一个商业空间无法提醒人们可能性的重要。

这里是时代地产销售会所，在全球地价最昂贵的国家之一的中国，他们销售着在珠海这片投资热土上建造的房子。每天有无数的人在这里急切地、紧凑地购买他们未来的生活。作为地产产业链另外一端的设计方，我们希望他们真正懂得只有在自由中才能获得真正的美感。

所以，我们需要用朴素的木材和沙石，简单的工艺，阵列式的肌理和构成，传递出一个关于美的"可能性"，这也是在整个项目当中所贯穿的技术。一切，回归自然主义的隐喻。请带着情绪和想象去看待它和你的生活。

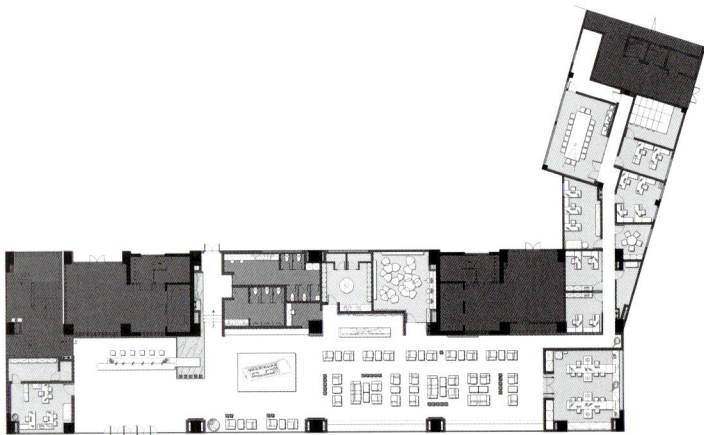

左1：天花板造型体现了设计主题
右1：洽谈休息区

左1、右1：简单的工艺将朴素的木材和沙石巧妙运用
左2：近景
左3：柔和灯光与空间完美结合

CENTRAL PAK CLUB

中央公园会所

设计单位：玄武设计

设　　计：黄书恒

参与设计：李宜静、邱楚洺

软装设计：山景空间创意

面　　积：5008 m²

主要材料：黑云石、银湖石、云彩灰、金凤凰、白色马来漆、胡桃木板、樱桃木皮

坐落地点：台湾新北市新庄

摄　　影：赵志程

维多利亚女王以宏观视野与坚毅雄心，为英国创造了中产阶级崛起的富裕社会，64 年的执政生涯里，她以崭新的思维引领政策，以开放的态度经营家国，捕获人心也稳定局面。经历工业革命后的文化反刍，居住环境与对象的装饰之美，融合歌德风格的尖塔纹、巴洛克式的绞缠纹、洛可可的涡卷纹等风格，从繁复单一的古典主义中脱胎换骨，取而代之的是集优雅与闲适于一体、细腻与奢华于一身的从容自信的美学观。设计者洞悉英国的维多利亚时代，认为其代表的婉约线条与柔美色彩，能够更好表达美好的时光，完美诠释豪宅会所的盛世韵味，故将之作为本案设计的底蕴。

入口挑高 15 米的大厅，Waterford 吊灯晶莹透亮，恰与柔美尖塔纹的地面拼花相呼应，同时，两旁高耸的大理石柱与雾金色羽毛状窗花，让入口空间显得高雅，流泻出古今交融的韵致。步入阅览室，隽永的胡桃木地面搭配巴洛克式绞缠纹的蓝红色地毯，西式图书馆的风华凝结其中，绚丽的旋转雕花楼梯与简洁壁面谱出强烈的反差，当自然光线自穹顶天窗倾泄时，大英图书馆的百年风华尽显其中。宴会前厅以纯白柱饰、流线天花、棋盘地面为底蕴，湖水绿带金的长沙发与蔚蓝色窗帘以跳色点缀，尽显低调沉稳的皇后气度；后方宴会厅中间放置诺大的圆形餐桌，搭配表演型的湖水蓝佐金餐椅，镜面与金属交陈的剔透空间，打造中西混搭的冲突美学。通往各空间的回字型纯白走廊，拱型的天花廊道，黑白棋盘的古典语汇地坪，绝代风华人物的侧面剪影，这一切仿佛是穿越古今的时光隧道。维多利亚时代，从过度繁复的工艺中得到解放，同时寻求一种更优雅、细腻、奢华的生活步调，加上统治者为女性，因此当时社会形成一种特有的典雅、浪漫、高贵的格调，和此案相得益彰。

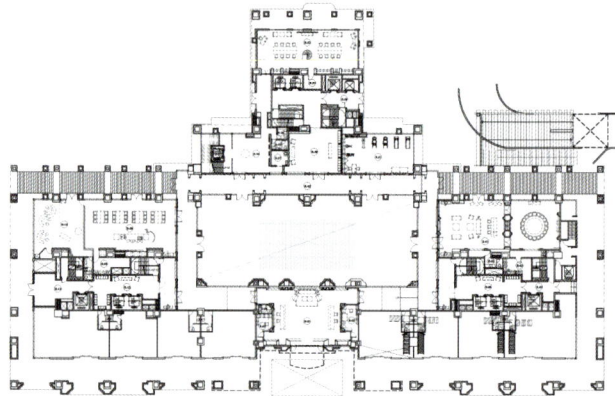

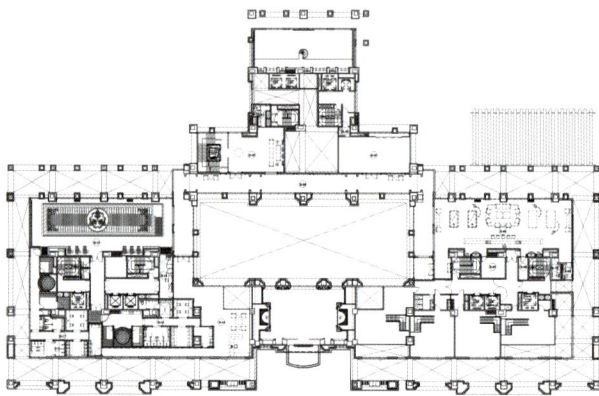

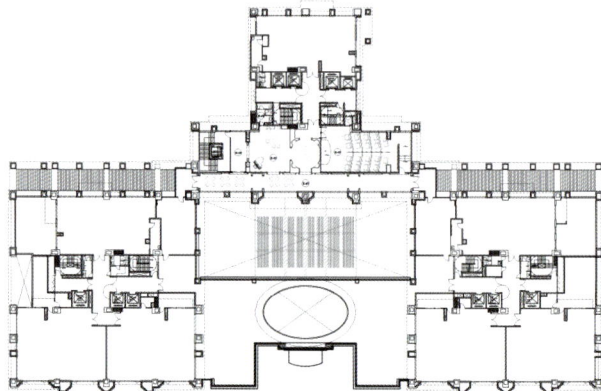

右1：高雅大气的入口处

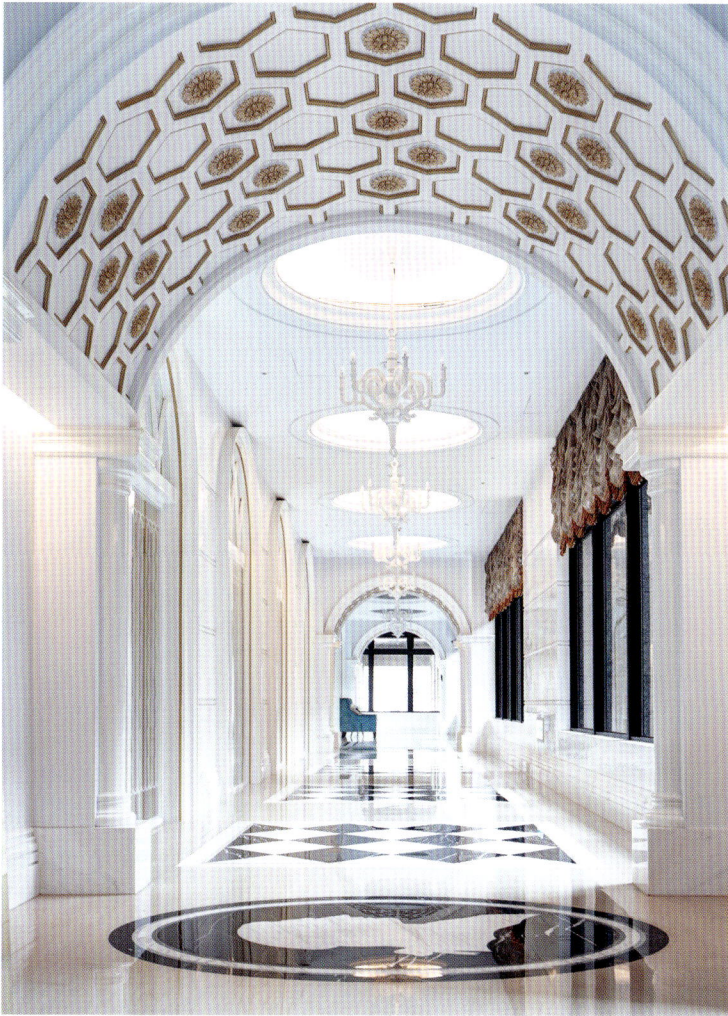

左1：柔美尖塔纹的地面拼花
左2：尽显低调沉稳的皇后气度的宴会前厅
右1：拱型的天花廊道
右2、右3：室内一景
右4：个性化室内装饰
右5：后方宴会厅

CULTURAL CLUB

人文会所

设计单位：山隐建筑室内装修设计有限公司
设　　计：何武贤
参与设计：刘玉萍
面　　积：700 m²
主要材料:旧木料、木炭、木丝水泥板、梧桐木皮喷砂面、马来铁木、钻泥板、抿石子
坐落地点：台北市大安区
摄　　影：高政全

这是一个为生命终点服务的礼仪空间。本案企图整合传统式街道型的店家模式，透过系统化且多元性的空间组合，开创台湾第一家复合式殡葬礼仪会所空间。

走完人生的旅程以此为界，一般人都相信此时是到达另一个世界的转折点。对于前往一个未知的世界，民间习俗以折纸形式象征着对故人的思念与祈福，希望亲人（往生者）能迎向极净无忧而美好的世界，也就是佛家所说的净土。

"界转折"是一个具有生命哲学观的主题会所。本案在最初的构思阶段，恰好收到学生从日本寄来的名信片，随手拈来，折出了空间的界面，空间转折光影界分，人生转折因缘微妙。人生最终的转折犹如空间的转折，此没彼生，彼没此生，片纸转折思念祈福，生死界分人间净土。

左1：水钵，清澈活水，泉涌不断
左2：啜饮界咖啡，转折思念情
左3：木作台面转折的细部
右1：吧台长桌实木年轮层层的肌理质感与爱迪生灯，呼应着长辈的年代
右2：协调区走廊如白鹤展翅般，引发家人心念，祈福亡生极乐净土

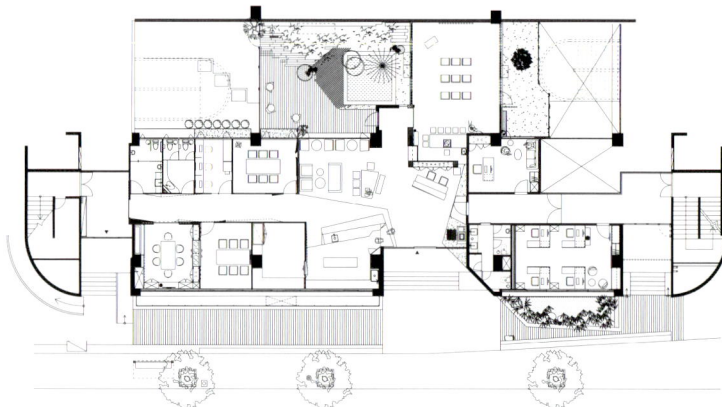

左1：侧院的植栽营造出石砾堆的生机，意指宇宙的能量生生不息

左2：界之门：浮沉恋一生，白光引圣境

左3：中庭为舒压透气的竹林庭园

右1：洁净无缝的水泥地板，摆置现代时尚的沙发，象征年轻人的时代

右2：礼堂：现代简约屋，回顾一生路

LIJIANG ST REGIS CLUB
丽江瑞吉会所

设计单位：高文安设计有限公司
设　　计：高文安
面　　积：3766 m²
坐落地点：丽江古城区玉泉路

大匠意运，正品不凡，历经六载雕琢，丽江瑞吉别墅，位于中国三遗名城，据首善之地，集景观人文稀世之罕。是设计者如泉的巧思，将别墅空间善加利用，掌顺中国传统文化脉络，以民族的朴素哲学，装点出高雅的居室，还原千年纳西风情。更随心搭配陈列和家私，或是不远万里觅寻一件饰品的偏执，坚持对品质的挑剔，终筑成这礼遇世界的人文典范。

总体规划上因循丽江古城的自然法则，便是高低错落的房屋和流水蜿蜒，让建筑统统朝北，向雪山致敬。建筑形态上三坊一照壁，灰瓦挑檐，民族的建筑智慧元素被重新演绎。绚丽花海则成片绽放于庭院，一步一景，四季丰盈。室内空间以现代生活方式遇见传统文化的传承，带来精巧的室内布置，满溢纳西气息。

设计师融汇中西文化，并将纳西文化渗入室内空间。对他来说，丽江瑞吉不只是一个项目那么简单，通过对前期规划、外部建筑、园林景观以及室内设计的整体高质量把控，他更想把丽江瑞吉做成一个城市名片，在一百年后，它也会是一座古城，并作为文化遗址保留下来。丽江瑞吉不只是一个度假精品，更像是一个具有收藏价值的珍品。

左1：庭院一景
左2、右1：传统民风古韵的摆设
右2、右3、右5：院内别具一格的花卉装饰
右4：近景

左1、左3、左4：木制材料尽显质朴浓郁气息
左2：融入现代化娱乐设施
右1：客厅
右2：卧室

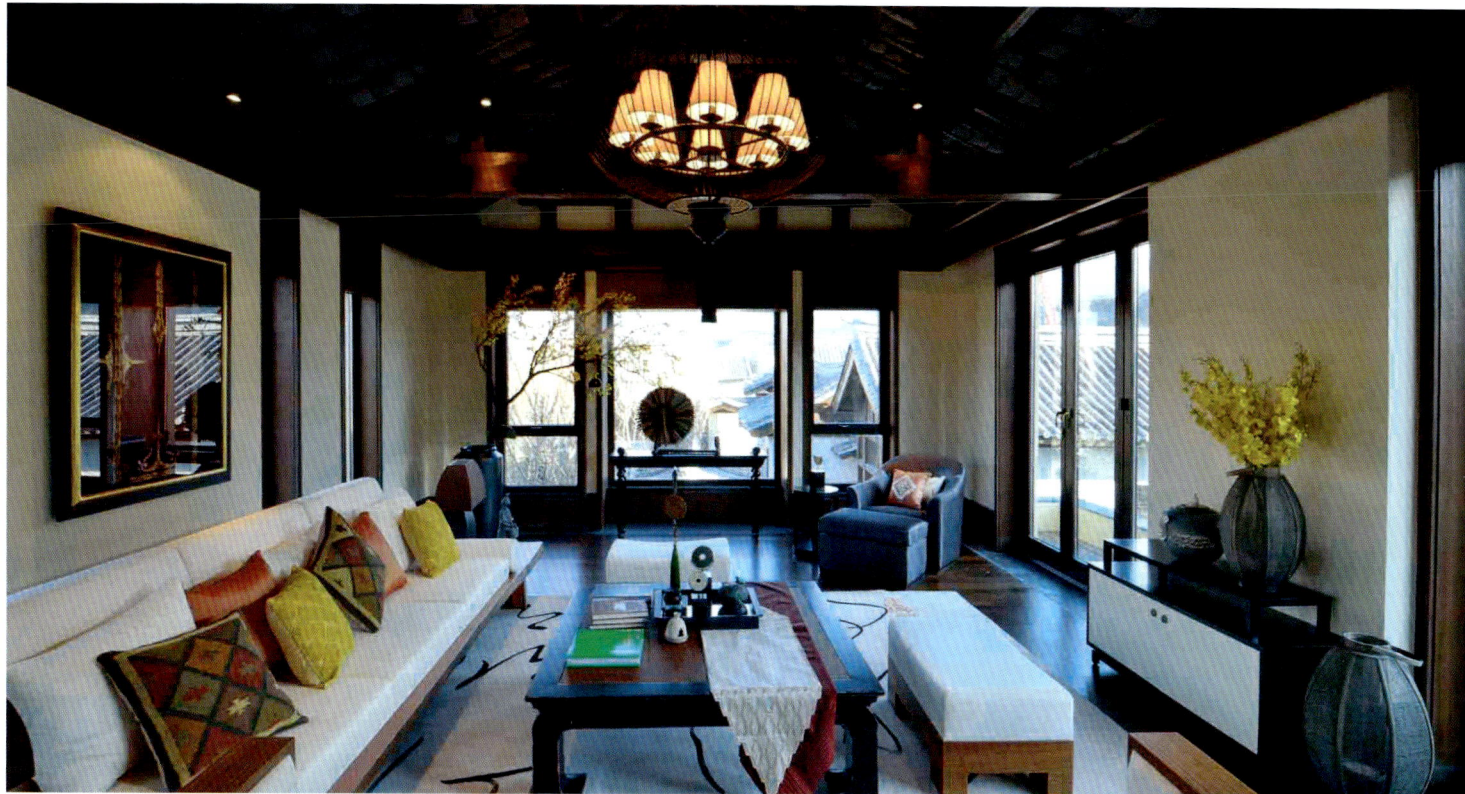

SHICHEN FORTUNE CLUB

世辰财富会所

设计单位：福建东道建筑装饰设计有限公司
设　　计：李川道
参与设计：吴啊治、陈立惠、张海萍
面　　积：233 m²
主要材料：烧结砖、钢材、地砖、玻璃、毛石
坐落地点：福州
摄　　影：申强

品茶由古至今都是一件十分雅致之事，不仅对茶品本身十分讲究，对于品茶的环境也要求很高。自然朴实的空间环境，对于品茶来说再适合不过了。世辰财富会所以石料作为空间的主要用材，用黑、白、灰三种色彩营造了清雅的空间氛围。虽大量使用石料，空间却丝毫不显得枯燥无味，丰富变化的石材以光面、毛面等多种形式展现，并结合在一起形成凹凸的立体感，为空间创造了多层次的视觉观感。入口的景墙由绿植打造，结合水景，自然风情弥漫空间。地面铺设青灰的复古砖，家具、装饰都选用黑色，带来沉稳的气息。

整个会所空间围合性很强，利用屏风、景墙等作为隔断塑造小型的半封闭式空间，不论是落座于空间内，或是游走在走廊间都不容易互相干扰，并保留了空间的神秘感。长长的回廊，一面是粗糙的石板，一面是光滑的黑色木料，两种不同的色彩和不同的材质，融汇出有趣的对比，在射灯的光晕中投射出迷人的光影。在包厢与包厢间的间隙，辅以绿植、白色碎石等作为装饰，可谓是处处有景。包厢用透光的磨砂玻璃为墙，既保留了私密性，空间也能得到良好的采光。清新的环境，醇香的茶汤，约三五朋友聊尽世间百态。

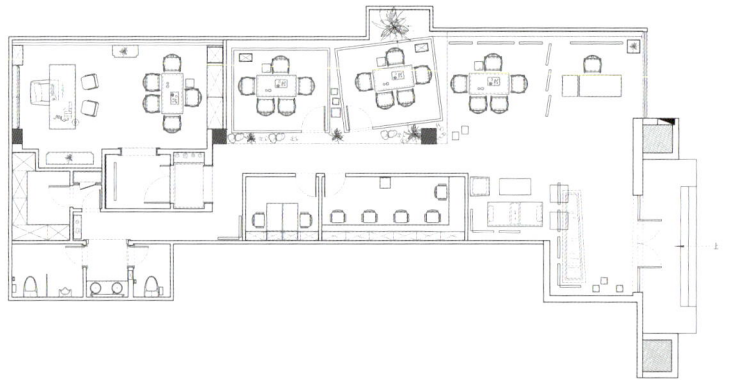

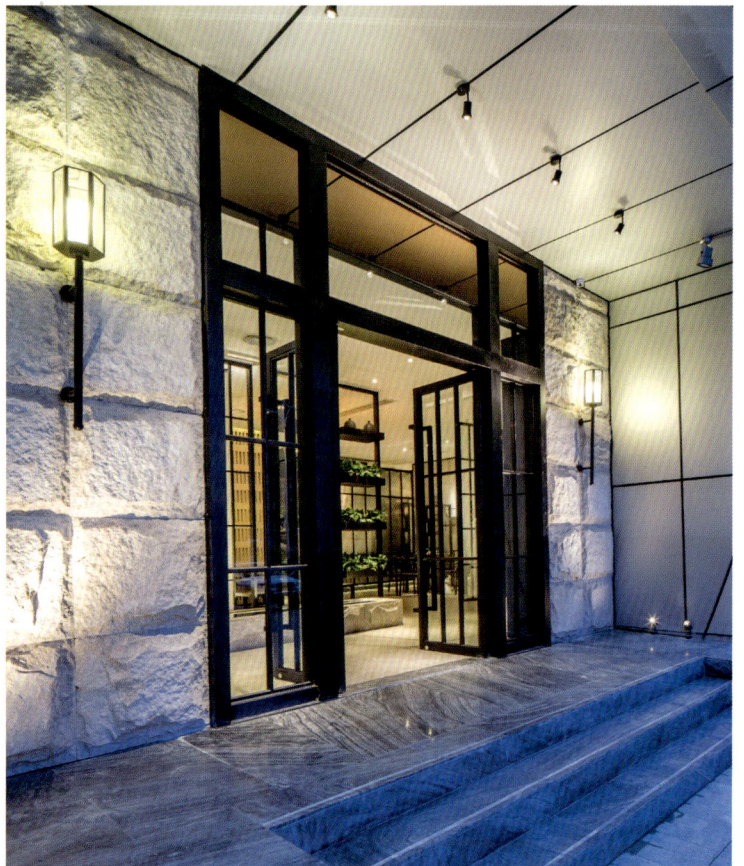

左1：入口处自然风情弥漫
右1、右4：近景
右2：回廊采用不同材质和不同色彩结合，形成有趣的对比
右3：丰富的线条感

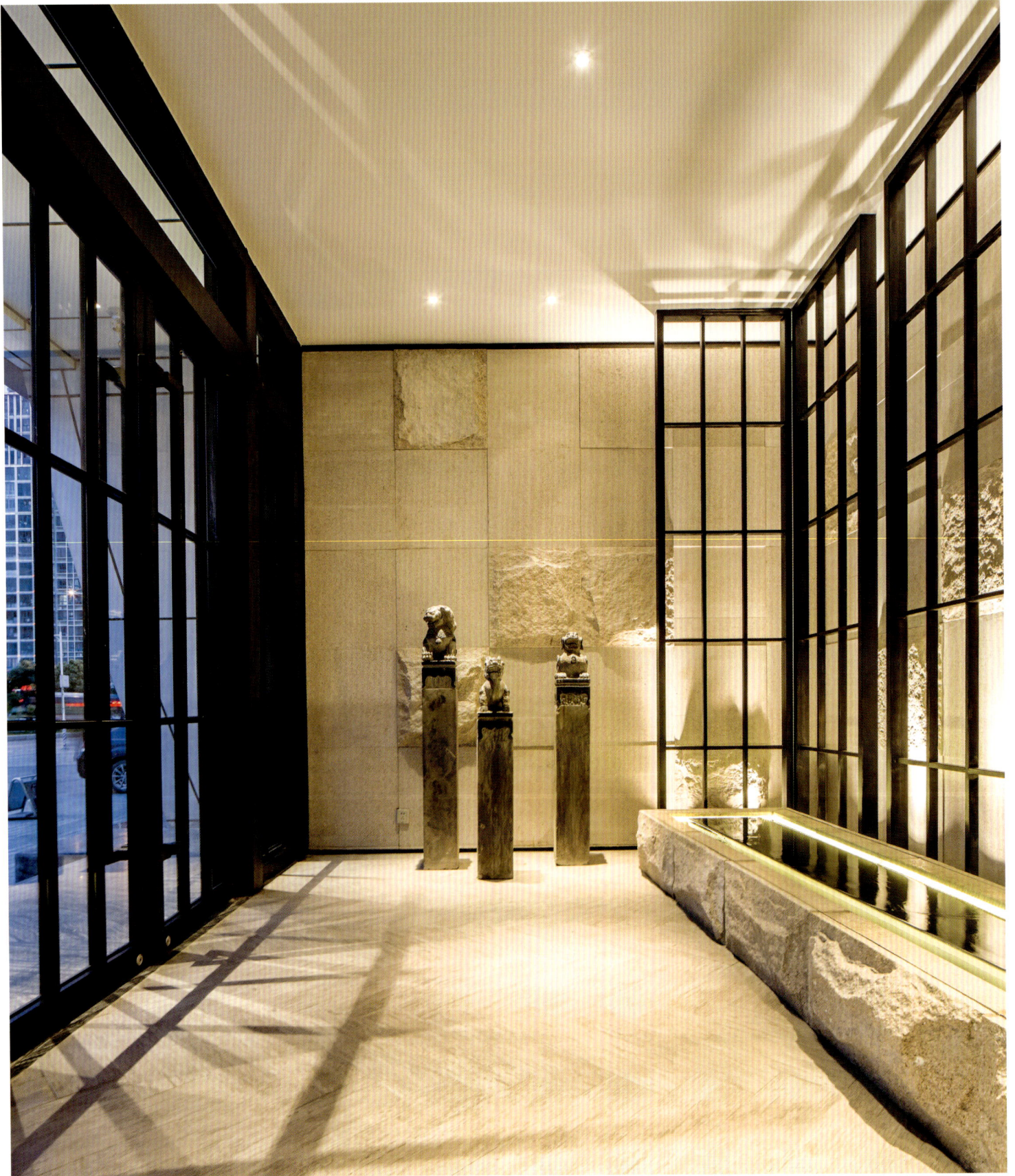

左1：入口处结合水景

右1、右2：室内一景

右3：个性化室内装饰

SECRET GARDEN
茶艺会所

设计单位：KLID 达观建筑工程事务所
设　　计：凌子达、杨家瑀
面　　积：1800 ㎡
坐落地点：常州
摄　　影：KLID

中国人喝茶有几千年的历史了。直至今日，仍有许多人把喝茶当成生活中不可或缺的一部分。此项目是个高端的茶艺会所，提供社会精英人士一个休闲、聚会、交流、商务洽谈的空间。采取会员制的方式保有客户私密性，所以取名"Secret Garden"。

在设计上企图把东方园林融入到室内空间中，采用了亭子、小桥、水池、木质隧道、树等元素。首先采用水池散布在一楼和二楼的空间中，形成一个串联的水系，运用桥来穿越连接不同区域的水池，在水池中会长出树。VIP 区以漂浮在水上的亭子为概念，设计了 4 个亭子造型的 VIP 沙发区，漂浮在水池上。走道空间中的动线复杂交错，是许多出入口的交汇地，空间感相当破碎，没有秩序。所以最后以木质隧道为概念，把不同的出入口整合起来，形成一个整体的隧道空间，把原本的遗憾缺陷反而转变为空间的一大亮点。

左1：创意无限的摆设
左2：木质隧道
右1：室内一景
右2：休息区

左1：休息区

左2、右2：木质隧道把不同的出入口整合起来，形成一个整体的隧道空间

右1：VIP沙发区

SHERATON CLUB

喜来登会所

设计单位： 深圳市黑龙室内设计有限公司
设　　计： 王黑龙
参与设计： 王铮
面　　积： 4800 m²
主要材料:白岗石、黑洞石、灰麻、雪花白、仿古地砖、橡木、硅藻泥、编织板
坐落地点： 广东省惠州市惠东县巽寮镇
摄　　影： 刘永报

这一具有院落式空间格局的度假会所是惠东喜来登酒店二期项目,靠山面海具有丰富的地形资源和景观资源,建筑外向可充分享用山景、海景,内向则有庭院景观。建筑为地面两层和地下一层,除了入口大堂和景观廊道,分别设有总统套房、副总统套房、行政套房和随从房,还有会议、餐饮、健身、休闲、娱乐等配套设施。所有空间均依山就势,吸纳山海景色和传达亚热带的现代意向。

所以我们确定这应该是一个隐性的,以景观为主题的室内设计,强调室内空间与室外空间的有机互动,住客或游人的行为均参与设计的结果。由于地表是起伏的,时而高抬时而下沉,所以室内空间有时突出地表,有时半潜入地下,风景亦会涌入或渗入室内,地面层与地下层处于相对的变化中。我们采用的是一种消极的策略,或称之为"高级的消极",最大限度地发挥地域和景观优势,强化滨海的亚热带体验。

设计上主要采用下述三个方式来规划和营造内部空间：一是串联,通过步移景换的水平交通和流线串联起各主要功能区块,通过室外踏步缓坡和室内阶梯串联起不同楼层不同标高的空间。二是模糊间隔,以柔性的方式来界定或转换室内外空间和不同功能的空间,利用廊柱构成的虚界、透明玻璃和镂空格栅构成的视界、可开闭的隔断或门构成的异界。三是多层空间的体验,通过串联和间隔来制造不同空间、多层空间和转换空间,实现在空间游走中的体验。

以不间断的游廊、步梯、曲径延伸扩展至平面和剖面的关系上,连接不同楼层、不同标高,连接户内与户外、私密与公共,连接海景、山景、园景与内庭。让入住的人们在由低而高、由内而外、由晦暗而明亮、由紧缩而扩展的步程中体验、探索属于自己的空间。

这是由内建筑而建筑,由室内而室外的反向设计,无论对我们还是对业主都是一种探索。弱化室内装饰的成分和简化空间的表皮,带来了更多对环境资源的关注,空气、海风、阳光、慵懒的氛围,一切有关假期的期待。

我们一贯坚持的设计方法即逆向设计（设计过程在建筑方案阶段的提前介入）、主题先行、物料的本土化选择和反稀缺性。在项目的前期阶段即可避免工期和预算的双重浪费,将设计的焦点集中在创意和表达特性上,使设计更有可持续性,室内外的风格和用材也能建立内在的联系,而凸显高端概念的核心。

右1：户外
右2：半户外廊道
右3、右4：休息厅

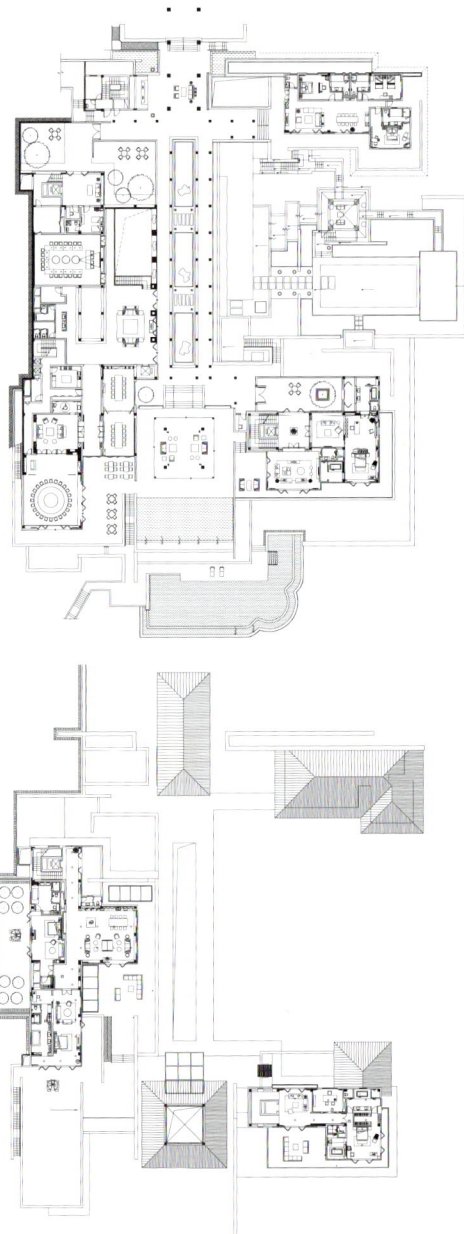

左1：总统套1F起居室
左2：大套起居室
右1：公区1F宴会厅及前厅
右2：大套2F卧室

紫薇花园

JAKARANDA GARDEN

设计单位：大观·自成国际空间设计

设　　计：连自成

参与设计：金李江、孙杰

面　　积：2560 m²

主要材料：米白洞石、冰河白玉、深浅卡布基若大理石、黑檀木饰面、深茶镀钛不锈钢

坐落地点：上海仙霞路

摄　　影：张嗣叶

完工时间：2015.01

历时三年的"宝华·紫薇花园"项目终于在 2015 年初浮出水面，精品住宅及其严格的使用功能是我们长久以来一直坚持的设计标准。在项目前期，我们就参与建筑规划并将其与室内相互配合，室内变更为主导性的地位，这样更有利于建筑内部空间的布局和设计，更有人性化的考虑。由于建筑、景观由外而内的相互配合，以客户需求为出发点，这样的设计更有前瞻性和远见。

"精品来自于优良设计，一个好的设计才能打造出精品。"从业二十多年以来，我们在室内设计中一贯坚持的就是"Good Design"的优良设计。"优良的设计"就是要做到精致且无可挑剔。在此项目上，设计团队尽可能的去考虑空间的"包容性"，在不同空间里，对家庭角色的全面照顾以及产生的功能需求，于是会所的功能空间考虑了居住者生活的方方面面，健身房、棋牌室、会议室、家宴厅等。希望每个细节的注入，成就一件独一无二的定制品。

每个作品就像是一首诗，设计对于多少的斟酌上绝不多一点或少一点。我从感观的角度去创作，从视觉、听觉、嗅觉上来激发步入者的情感体验，再从触感去感受空间中每个精妙的细节。身临其境的体会是设计的出发点，以"家"为前提来打造，目的就是让人们对"家"以及梦想的期待完全被诱发出来。它可以被长久拥有并超越时间。

这个项目我称其为 Élite Maison（源于法语），释为精品之家。Élite 意味着一个品质的最高级别，也是消费者所追求的物质性的最高级别。它源于拉丁文的"精英"和"选择"。所以这是优胜劣汰的筛选过程。紫薇花园的理念是想叙述一种内敛的价值核心，30 年代的老上海，象征品味、格调、优雅、浪漫、摩登、经典。老上海的精神体现就是由这种精致所传达出的精品概念，这和 Élite 是一致的，将潜在核心精神变成设计的语汇，将其在空间中表现出来。

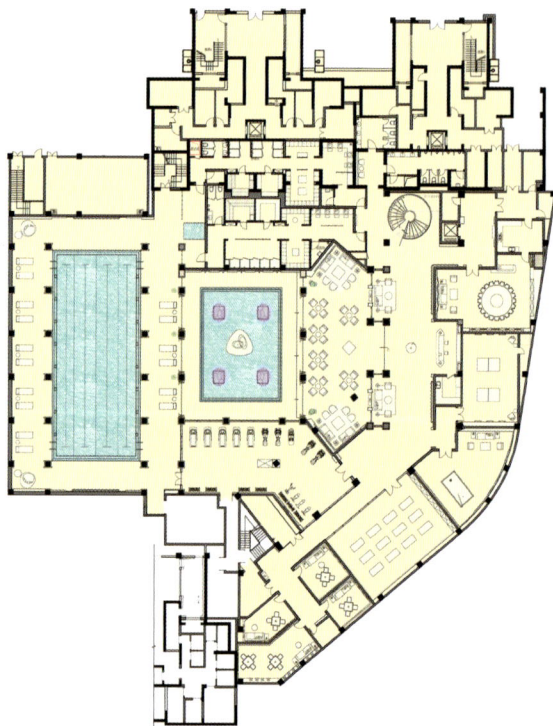

左1：泳池外景
右1：会所大堂
右2：楼梯

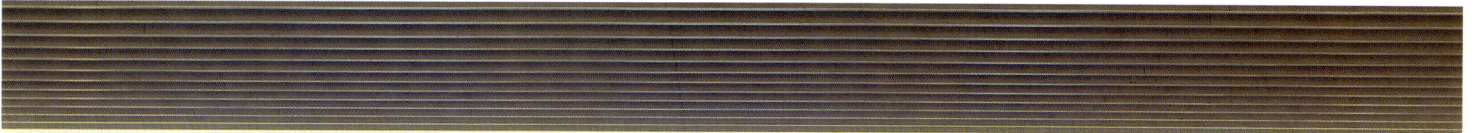

左1：走道
左2、左4：大堂局部
左3、左5：棋牌室
右1：家宴厅
右2：泳池

CHINA YAOBO GARDEN CLUB

中华药博园会所

设计单位：苏州金螳螂建筑装饰股份有限公司（第一设计院）

设　　计：王禅华

方　　案：蒋冰洁

参与设计：董飞权、周鹏强、朱士成、周逸冰、孙铭、邓丽君

面　　积：6120 m²

主要材料：石材、木饰面、墙纸、木地板

坐落地点：四川省乐山市

摄　　影：潘宇峰

完工时间：2014.12

两千多年来，中国的贵族文人士大夫所代表的精英阶层始终着念于筑楼造园的梦想。无论是传说中的"蓬莱"仙境，还是文人精神所指的"桃花源记"，本质是一种源自内心的人生态度，意在世事沉浮之间，寻求精神诉求的物化，寄文明、梦想、且行且歌的生活态度，于咫尺厅堂楼台山水间。

2014 年初，我们设计团队受业主委托，和业主前后舟车相继于苏州、成都、峨眉、上海等多地，进行了数次触及其生活、美学、人文、经营的内心交流互动，充分了解了业主的理想诉求，许多细节自混沌自明晰，开始着手立念策划。并对其建筑方案的平面功能及空间规划进行了不厌其烦的详尽专业化梳理。我们发挥了多年来全流程控制经验丰富的优势，主动牵头去上海、成都分别对接美国建筑方案设计公司、建筑施工图公司等相关建筑与室内的一系列衔接问题，并开始后续的整体室内设计。

设计团队植根于当地的历史自然环境，通过提取精炼的东方传统木构架形态空间以及当地白墙、灰石、青砖、原木纹理等天然材料，旨在将室内空间设计与当地周围的丘陵自然山水意境融为一体，成墨于素净淡雅的自然画卷。

众所周知，设计行业最难、也最有说服力的就是业已完成的项目；许多从纯设计角度看似想法不错的方案，由于设计师的一厢情愿、缺乏综合的可实现性经验，便永远无法落地或者落地后走样。

该项目从室内设计、施工、家具设计定制、软装等主要环节均由金螳螂有经验的配套团队合力完成。在开始到竣工前后连续 12 个月的时间内，室内设计团队牵头，细密高效地完成了从初期的现场勘查，建筑修改报告，帮助业主控制预算，协调地产销售诉求，控制建筑、机电、材料加工；反复推演方案施工图细节，策划于方案，成型在软装、材料定制、施工图、现场控制等一系列环节，从而完成了"从混凝土到鲜花"这一充满了艰辛而有挑战的过程，在当地展现了一个标杆性的综合会馆，并为业主圆了一个人文之梦 。

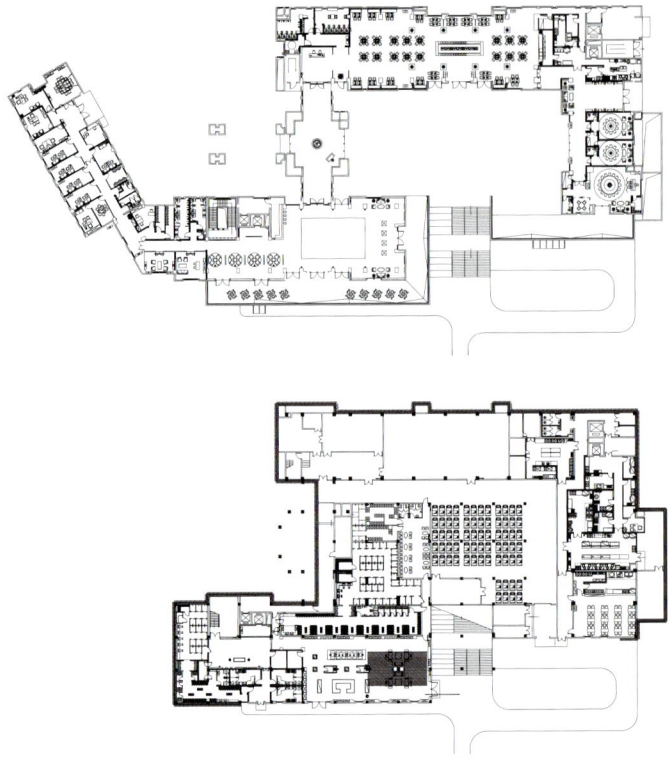

左1：外立面

右1：VIP走道

右2：餐厅区域

38 FULE HEALTH AND

三八妇乐健康美容美体会所

BEAUTY CLUB

设计单位：DCV第四维创意集团

设　　计：王咏、王明、禄楚涵、张耀天、肖荣

面　　积：1400 m²

主要材料：GRG、爵士白瓷砖、塑胶地板、防火板、钢化玻璃、亚克力、不锈钢

坐落地点：西安

摄　　影：张浩、段警凡

完工时间：2014.08

本案以"健康、时尚、休闲"为设计核心，努力打造一个释放情感、驱散都市生活压力的惬意之所。其最大的设计特点是摒弃了以往美容院空间的隐蔽性特点，而注重通透、休闲、放松的气氛营造。

公共区域大量运用塑胶地板及 GRG 饰面板，灰色与白色交相呼应表现时尚、健康的感受。设计师在满足多重空间需求的同时，通过对空间节奏、序列、层次的处理，塑造出意境美好、轻松愉悦的空间环境。设有美容区和休闲区，以满足不同的功能需求。

美容区大厅墙面的 GRG 造型曲线除了显示出女人柔性一面，同时也是产品的展示区。走廊墙面的阳角均为曲线，带出水的意境。

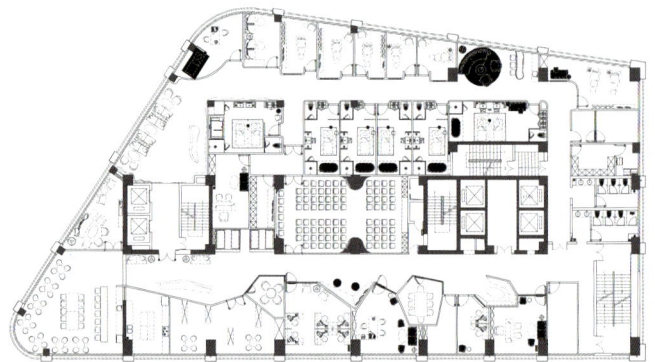

左1、右5：墙面的GRG造型曲线显示出女人柔性一面

右1、右2：休息区

右3、右4：美容区

FREE SPACE
自在空间工作室

设计单位：陕西自在空间设计咨询有限公司

设　　计：逯杰

参与设计：程茹、郝改、阎珍

面　　积：2000 m²

主要材料：旧松木、美岩板、加拿大红雪松、青砖

坐落地点：西安

摄　　影：文宗博

完工时间：2015.06

一对设计师夫妇用五年的时间将一处废弃的苏式厂房仓库改造成自己的工作室，这期间他们既是甲方，又是设计师，既是项目管理，也是装修工人和园艺师。"自己当甲方是设计师成熟的开始"，只有这样才能激发设计师真正的潜能，让他深度地思考什么样的设计理念、什么样的材料、什么样的工艺，并不断地去尝试、去体验，到底设计与生活是什么样的关系，到底什么样的设计才是我们真正需要的。

工作室位于西安半坡国际艺术区（原西北第一印染厂），面积约 2000 平方米，原有青砖结构的苏式老仓库两间，前院原是废墟一片，后院是纺织厂废弃的老铁路。设计规划后，保留了前院作为景观庭院，一面白墙和邻街悄然分隔。入口一侧小门有通幽之感，4 个独立小建筑体成围合状，分别为原创家具展厅、民间器物展厅（会客厅）、禅房（创作室）、茶室，更有为朋友们准备的下午茶空间和花园餐厅。这是集创作生活、产品展示、客户体验为一体的综合空间，更是这对设计师夫妇生活工作的理想空间。

用真实、自然、简约的理念去做设计，让阳光、空气、绿植、流水成为空间的灵魂，用质朴、生态的材料或旧物去做装修，让人真正生活在有能量流动的空间，那也许就是对设计工作室"自在空间"的最好诠释。

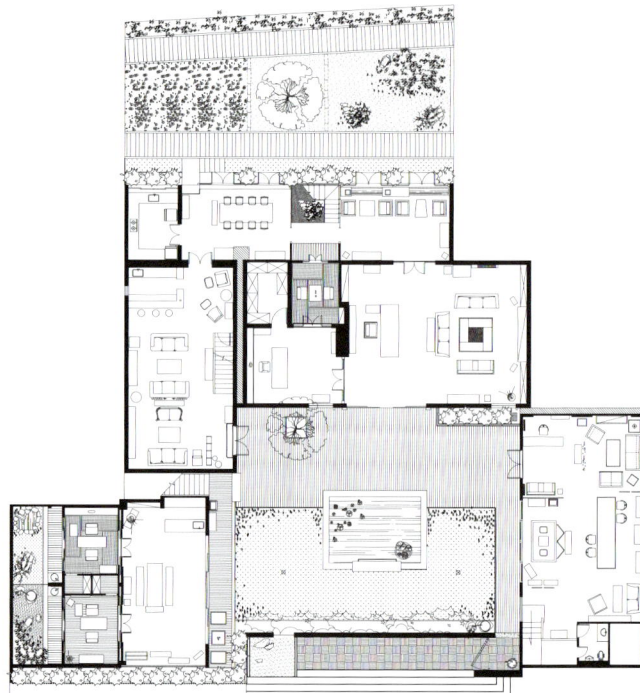

右1、右2：景观庭院

左1、右2：精美的园艺装饰
左2、左3、右1：木与石的结合，自然空灵
右3、右4：简约质朴的设计和布局

GUIGU SPA EXPERIENCE PAVILION

贵谷SPA体验馆

设计单位：福州林开新室内设计有限公司
设　　计：林开新
参与设计：陈强
面　　积：330 m²
主要材料：白麻、灰木纹、桧木
坐落地点：福州

本案没有把建筑当做一个孤立的"物"来看待，不刻意追求象征意义和视觉需要，而是注重内部空间与外部环境的协调。不仅在材质上保持本真状态，在色调上也力求回归自然，形成一种整体的构图美感。以自然、人文、度假为基调，同时依托当代的设计手法，用清雅低调的美感、沉静平和的气度，来表达东方文化的精神格局。

左1：入口
右1：选用保持本真状态的材质

左1、左2:隔栅制造的光影效果

左3：灯光烘托气氛

右1、右2：清雅低调的SPA区

TEAHOUSE
茶舍

设计单位：林开新室内设计有限公司
设　　计：林开新
参与设计：陈晓丹
面　　积：224 m²
主要材料：桧木、障子纸、松木、贴木皮铝合金、石材
完工时间：2015.01
摄　　影：吴永长

在江滨茶会所中，会所和江水，一者轻吟，一者重奏；一者灵动，一者厚重；一者当代，一者古老。当两者被有机结合在一起时，它们已经不是相互独立的个体，而是一个丰富的整体。当客户说道："我想在闽江边上、公园之中，建一个私人会所，闲时与朋友喝茶聊天，累时可放松心情。"一向秉持"观乎人文，化于自然"理念的设计师脑海中浮现出江上鸣笛的诗意场景，"笛子是一个象征，它实际上是一种空间的节奏。我希望这个茶会所的格调像笛声般优雅婉转又悠远绵长。"整体设计在追求达至东方文化的圆满中展开——将中庸之道中的对称格局、建筑灰空间的概念巧妙结合，完美呈现出一个自由开放、自然人文的精神空间。以一种柔软而细腻的轻声细语，与浩瀚的江水、优美的园林景观互诉衷肠，相互辉映，和谐共生，而非封闭孤立的沉默无声或张扬对抗的声嘶力竭。

茶会所临江而设，客人需沿着公园小径绕过建筑外围来到主入口。整体布局于对称中表达丰富内涵，入口一边为餐厅包厢和茶室，一边为相互独立的两个饮茶区域。为了保护各个区域的隐私性，设置了一系列灰空间来完成场景的转换和过渡，令室内处处皆景。首先是饮茶区中间过道的地面采用亮面瓷砖，经由阳光的折射如同一泓池水，格栅和饰物的倒影若隐若现。窄窄的过道显得深邃幽长，衍生出一种宁静超然的意境。其次是餐厅包厢和茶室中间过道，大石头装置立于碎石子铺就的地面之上，引发观者对自然生息的思考。在靠近公园走道的两个饮茶区，设计师分别设置了室外灰空间和室内灰空间。室外灰空间为喝茶区域，除了遮阳避雨所需的屋檐之外，场所直接面向公园开放，在景色优美的四至十月，这里是与大自然亲密接触的理想之地。在另一边饮茶区，设计师以退为进，采用留白的手法预留了一小部分空间，营造出界定室内外的小型景观。端景的设计不仅丰富了室内的景致，而且增添了空间的层次感和温润灵动的尺度感。

在设计语言的运用上，设计师延伸了建筑的格栅外观，运用细长的木格栅而非实体的隔墙界定出各个功能"盒子"。即便在洗手间依然可以通过格栅欣赏公园景观，时刻感受自然的气息。格栅或横或竖，或平或直，于似隔非隔间幻化无穷，扩大空间的张力。格栅之外，障子纸和石头亦是空间的亮点。在灯光的烘托下，白色障子纸的纹理图案婉约生动，别有一番自然雅致之美。石头墙的设计灵感来源于用石头垒砌而成的江边堤坝，看似大胆冒险却完美地平衡了空间的柔和气质，令空间更立体更具生命力。在这个模糊了自然和人文界限，回归客户本质需求的空间中，每一个人都可以在此放飞思绪尽情想象，也可以去除杂念凝思静想。

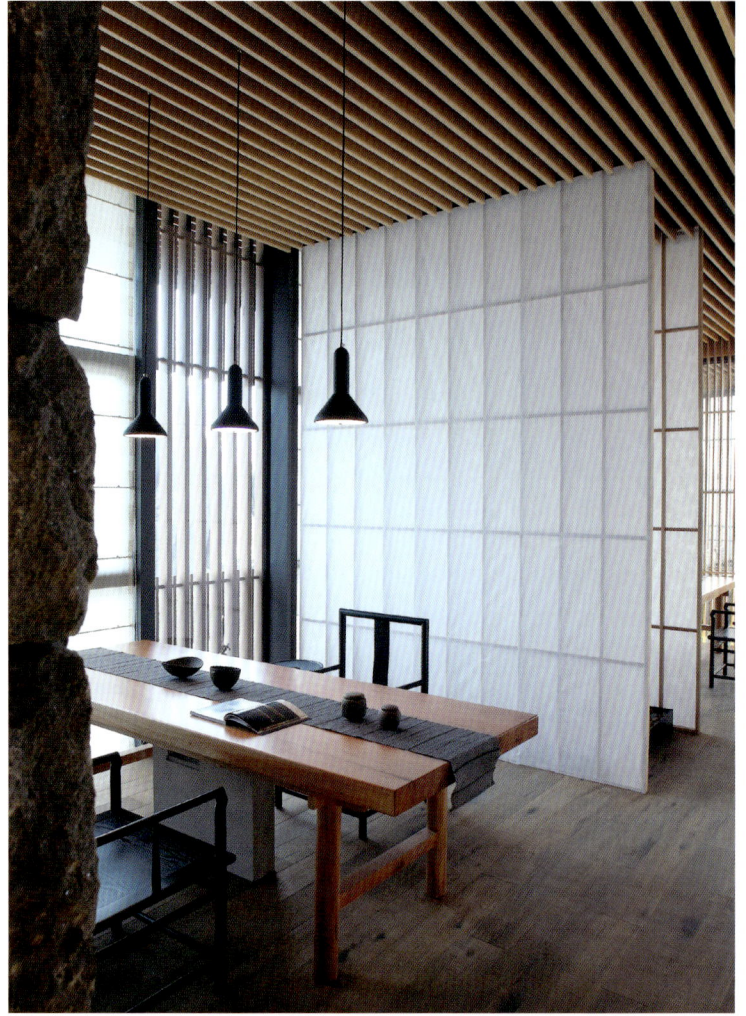

JIAO JIANG
椒江岭上会SPA会所
LINGSHANGHUI SPA CLUB

设计单位：宁波市高得装饰设计有限公司
设　　计：范江
参与设计：丁伟哲
摄　　影：潘宇峰

此足浴 SPA 会所，名曰岭上会，是设计师与业主的第二次握手，会所的名字亦由设计师所取，第一次是在温岭，相同的经营项目，由于设计融合了当地的特色文化，岭上会已被温岭旅游局指定为室内旅游景点。此次合作双方都有超越第一个作品的期待感，对设计师而言更具挑战意义。

室内设计师总是鲜有碰到十分适意的建筑条件，所以先要应势设计内部建筑，才能顺畅地表达设计意图，而设计师的水准也是从平面布局图开始得以崭露。这是一个二层空间，每层挑高 5.6m，外加一个如垃圾极场般的大露台，利用层高建了个夹层，空间被最大化及合理利用，为了不使空间过于沉闷，局部做了挑空，有至上而下的整面绿植墙，有用陶瓷杯子贴在石墙上的造景，上下贯通彰显气势，拉开了空间高度。在做平面布局设计时，远眺、近视、俯视等各种视觉意图在脑海已开始演练，全局把控在心中。延续 SPA 会所放松心灵的主题，强调雅致的水墨意境，在大气从容间将美渗透。藤编球状组灯在木格子造型间闪耀，传递出玲珑细腻的情调，细看方格是两层，用重叠的方式变成前后关系，显出层次感。抬头见"岭上会"三个字，似草非草，笔法独特，飞扬处气质沉静，有山岭的峻峭感，这是设计师的手笔。

外立面精致而不乏温馨，吸引人们往里走。仿佛是深深庭院，展现在眼前的是用实木摆起来的透空屏风，四周是水波纹样木格，隐约透出墙壁上手绘的水墨写意荷花。第二个庭院内用石头做的细方条格栅折成一条曲折的通道，质感而又轻巧，进入第三个庭院，一侧是流水墙，另一侧用石条叠加方式搭成半人高的塔状造型，内装灯光，置于铺满鹅卵石的水池中。一层是客人等候的区域，左边被隔成一间间如书房的雅坐。步入二层，右边是普通包厢，背景用实木木块像积木一样搭出透光屏。二层的垃圾场变成了非常漂亮的屋顶花园，夜晚，清风明月与你同坐，怎一个"好"字了得！将这最好的风景供于贵宾包厢，果是名副其实的贵宾待遇。二层夹层一边为 SPA 区域，入口墙面由石板镂刻出方形小孔，内打灯光。包厢墙面是浅色竖纹的橡木饰面，显得质朴温和，不同包厢的壁龛装饰不尽相同，用金属做成各种饰品，有片片清灵秀气的竹叶，有或密或疏的浮萍，有缠绵柔美的藤蔓花叶。

设计师将空间梳理成一个个自然院落，在回廊曲径中让宾客宛若游园，感受融入青葱自然的恬静与愉悦，将唐宋的美学元素与现代简约造型相融，在回归中有拓展。值得一提的是设计师为这个空间专门创作了五十多幅画，如走廊中的三幅长

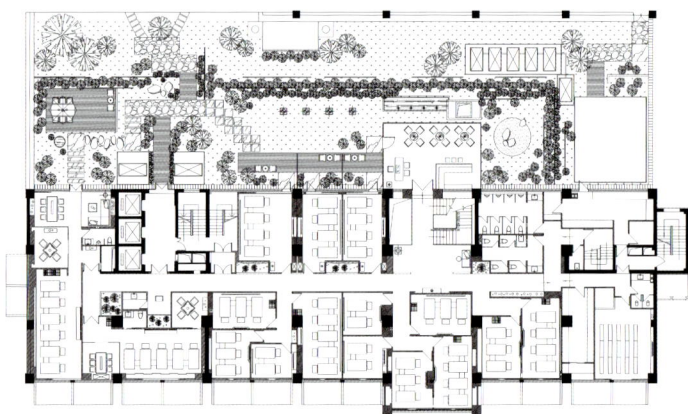

右1：深深庭院
右2：水波纹样的木格

卷，是荷花从花苞、全盛至萧瑟的一个生命轮回；贵宾室中那在山雾中的高山，巍然深远，大包厢中有摇曳在春风中的樱树，花朵纯洁得如梦般轻盈。画作大都是黑白水墨，意境幽远，提升了空间的品味与内涵，从而构成一个完整的作品。何处有景致？处处有景致！

左1、左4：楼梯
左2、左3：雅座
右1：巨幅水墨画巍然深远
右2：雅致的小景
右3：藤编球状灯在木格子间闪耀

左1：用陶瓷杯子贴在石墙上的造景
左2：唐宋美学元素与现代简约造型相融
右1、右2、右3：不同的功能区域

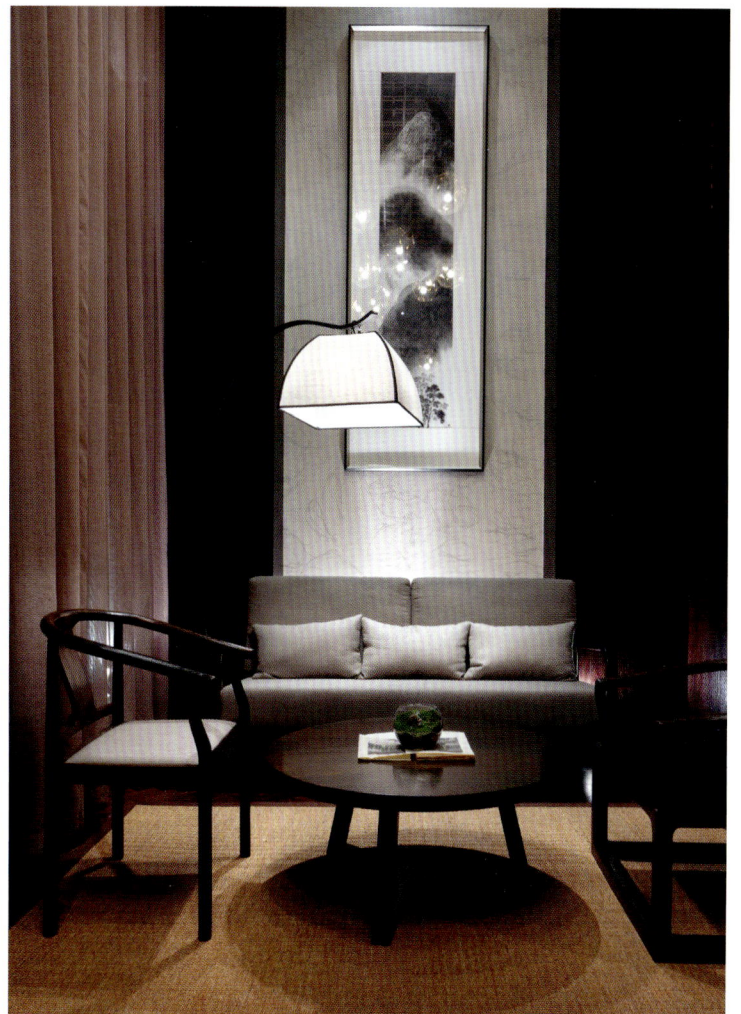

茶素生活

设计单位：周伟建筑设计工作室

设　　计：周伟

参与设计：盛汉杰、梅杰

主要材料：水曲柳套色、金砖、青砖贴片、窄条地板、毛面花岗岩

坐落地点：杭州临平

完工时间：2014.08

摄　　影：陈澍

中式风格的当代性呈现是设计者近年来一直研究的课题。提起中式风格很多人会联想到花窗格雕花梁这些中式符号，以致很多人对中式风格的印象是过时的、腐朽的，所以才会有中国大地上漫天遍野的美式、新古典、简欧。这其中除了中国人对自己文化的自卑以外，另一个最重要的原因是中国文化没有找到其所属的当代性。茶素生活则是这一课题的一个尝试。设计开始的定位是：茶素生活最终呈现给客人的将是一个具有东方气质的现代空间。东方气质是指没有传统的元素，但人在里面却能感受到东方神韵。

在空间的组织上借助了中国传统园林的手法来借景、对景、曲径通幽。一楼定位偏年轻，采用开放式大开间，引导一种新的消费观念，材质的选择上偏质朴轻松。二楼相当儒雅，采用全包间的形式，材质选择相对稳重，儒雅精致。东方风格的当代性呈现还有其他的手法，如入口处瓦片的应用，传统的瓦片用当代的方式呈现出来，给人一种既熟悉又陌生的空间感受。

左1：入口处
右1：入口通道
右2：一楼走道

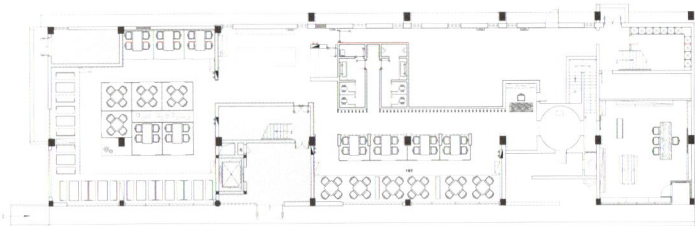

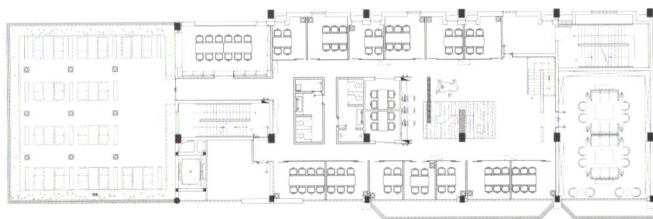

左1、左2：二楼公共区

右1：自助台

右2：书吧休闲区

左1：自助区走道
左2：包厢
左3：自助区的造景
右1：二楼露台区

MORDOR CLUB

魔朵酒吧

设计单位：内建筑设计事务所

面　　积：800 m²

主要材料：钢板、皮革、马赛克、亚克力

坐落地点：杭州武林路皇后公园

完工时间：2014.09

摄　　影：陈乙

设计在渐渐苏醒了，但室外依然寒冷，外面继续下着大雪。光脚到达顶层对角之平台，如倾斜之面向着西湖，隐约可见保俶残雪，枯枝孤鸟中火盆几只。

室内温暖如可见风景的隔离古堡，阁楼现已废弃用来堆放工具杂物，可找到些有用的防身器物。斗剑室炉火正旺，而吧台之后传来悠扬的高地风笛或吉普赛手风琴。窗外可见落入江南的武林，植物由上及下地爬越，高处定是山有四季不同天，忽感光脚的微凉，找些皮毛裹上。

左1:倾斜直面向着西湖
左2、右1、右2：酒吧内部空间
右3：温暖的室内

MINGYUE TIANXIA TEA HOUSE

茗悦天下茶楼

设计单位：道和设计
设　　计：王景前、高雄、刘坤
面　　积：530 m²
主要材料：原木、硅藻泥、木纹仿古砖、不锈钢、文化石
坐落地点：南昌
完工时间：2014.11
摄　　影：邓金泉

该茶楼坐落在南昌红谷滩新区，红谷滩作为南昌的新城聚集着更多的外来人口，也充实着各种娱乐休闲业态。本案定位为茶文化的体验空间设计，主要经营瓷器、茶叶、香道培训、花艺并提供花器、书法等文人雅集活动。从功能分区上来说，一楼为产品展示区与销售区、二楼为品茗雅间及沙龙培训区，室内的艺术、禅意交相辉映。

空间在材质选择上多选用榄人木原木作为饰面与实木线条贯穿，地面中国黑大理石与木纹仿古砖的结合使空间简洁素雅，在大面积留白的墙面上选用素水泥衬托更显自然质朴。卫生间菠萝格原木硬朗的线条对比更添加了几分简练，门头外立面选用蝴蝶绿大理石干挂，镶嵌高防光贴膜玻璃材质，使门面简洁有次序并尊显品质。

茗悦天下的设计提炼了中国传统文化的精髓，似国画之山水、似书法之飘逸，体现出东方式的精神内涵，结合现代的简练线条而富于变化。对于现代想逃离喧嚣的茶客来说，茗悦天下静能使人心明神清，慧增开悟。光影通过木质的格栅涌动在空间内让人产生无限遐想，虚虚实实，仿佛游走在画间。一方净土带给茶客心灵宁静的感念，享受生活的片刻安宁与自在。

左1：设计提炼了中国传统文化的精髓
右1：简洁素雅的空间

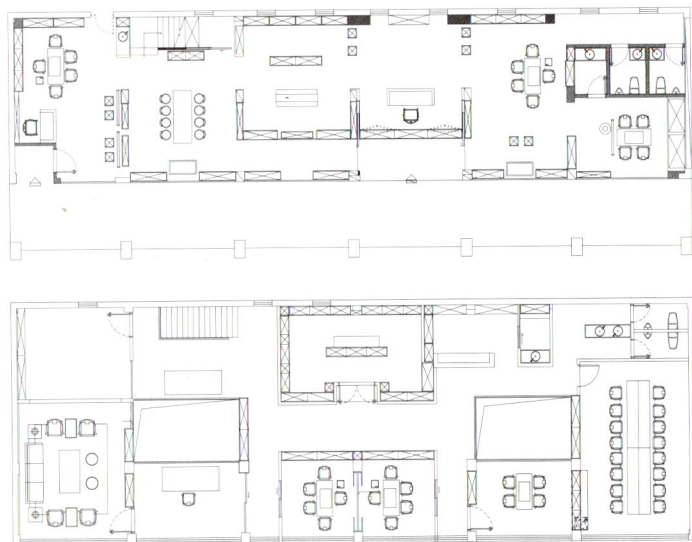

左1、右1、右2：光影通过木质的隔栅在空间内涌动
左2、左3：留白的墙面上选用素水泥

ORANGE ISLAND RESORT

橘子洲度假村

设计单位：鸿扬集团/陈志斌设计事务所

设　　计：陈志斌

面　　积：12000 m²

主要材料：桃心木染色、爵士白石材、镜面不锈钢、琉璃马赛克、艺术墙纸、夹绢丝玻璃

坐落地点：长沙

摄　　影：吴辉

本案位于长沙橘子洲尾（北段），占地约 200 亩，现有五栋独立建筑并以景观相连。基地内绿地和景观极其自然优美，并拥有沙滩排球场及超过 600 米的沿江人造沙滩浴场，可以良好地形成室内外互动。

水会是度假村的主体运营项目之一，总体使用面积约 10000 平方米。其中室内亲水运动、健身、休息区域的面积约为 4000 平方米；室外露天运动、调整、商务区域的面积约为 1500 平方米；烧烤吧总面积为 600 平方米。

按照岛居生活和优质个性化运营的理念，岛内运营区域的客户路线与大流量的剧院流线进行区分，VIP 会所的动线独立分离以享受尊贵服务，体现身份象征。最大限度地发挥区域内建筑与沿江沙滩泳场的互动与交流，最终实现充分引导客户享受区域内的所有空间。

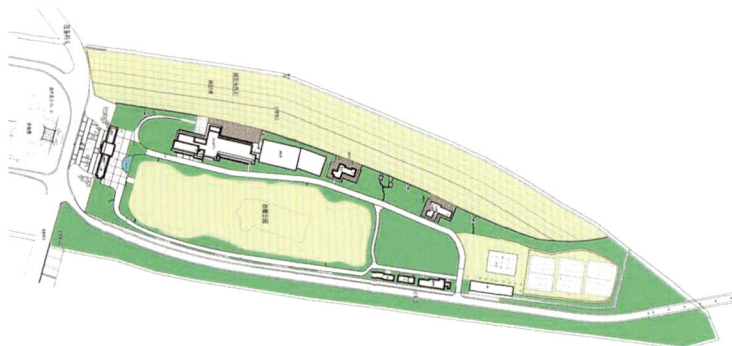

左1：建筑外观
右1：大堂
右2：烧烤吧外景

左1：不同图案拼成的精致隔栅
左2：浴室
左3：影院
右1：等候厅有慵懒的沙发
右2：沐浴区
右3：休息区

SO.SO咖啡吧

SO.SO CAFE BAR

设计单位：重庆亦景太阁室内设计有限公司

设　　计：杜宏毅、郭翼

参与设计：胡贵江、袁丹

面　　积：700 ㎡

主要材料：水泥地面、金属、硅藻泥

坐落地点：重庆新牌坊

完工时间：2014.12

本项目是集合了咖啡、简餐、台球和棋牌于一体的复合型咖啡吧，如果你愿意这里是可以一个人呆上一天的地方，或者约上三五好友聚会放松的场所，因为咖啡吧提供了多种的休闲方式。

项目原结构处于平街夹层，一进门便下梯子让人觉得非常别扭。所以设计上先是在整个入门内区域搭建一整条平台来达到里外合一的感觉，同时又加强了人流动线的引导，使内部空间显得高低错落具有层次。整个结构通过回廊式的空间布局恰到好处地把各个区域划分开来，同时又相互贯通融为一体。

由于业主的投资非常有限，在造型上几乎不可能做太多的文章，但又要烘托出咖啡吧的氛围，所以在灯光和软装上就必须花费更多的精力。墙面大量使用了艺术家的作品（艺术家授权的复制品），各种有趣的形象大大增加了空间的趣味性。材料的质感表达上尽可能做旧，旧的痕迹让人第一眼看见就觉得这是一个有一定年份的空间。

左1：回廊式的空间布局
右1、右2、右3、右4：空间细部

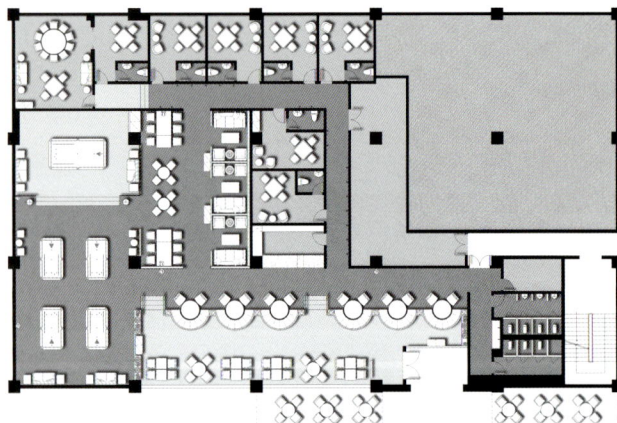

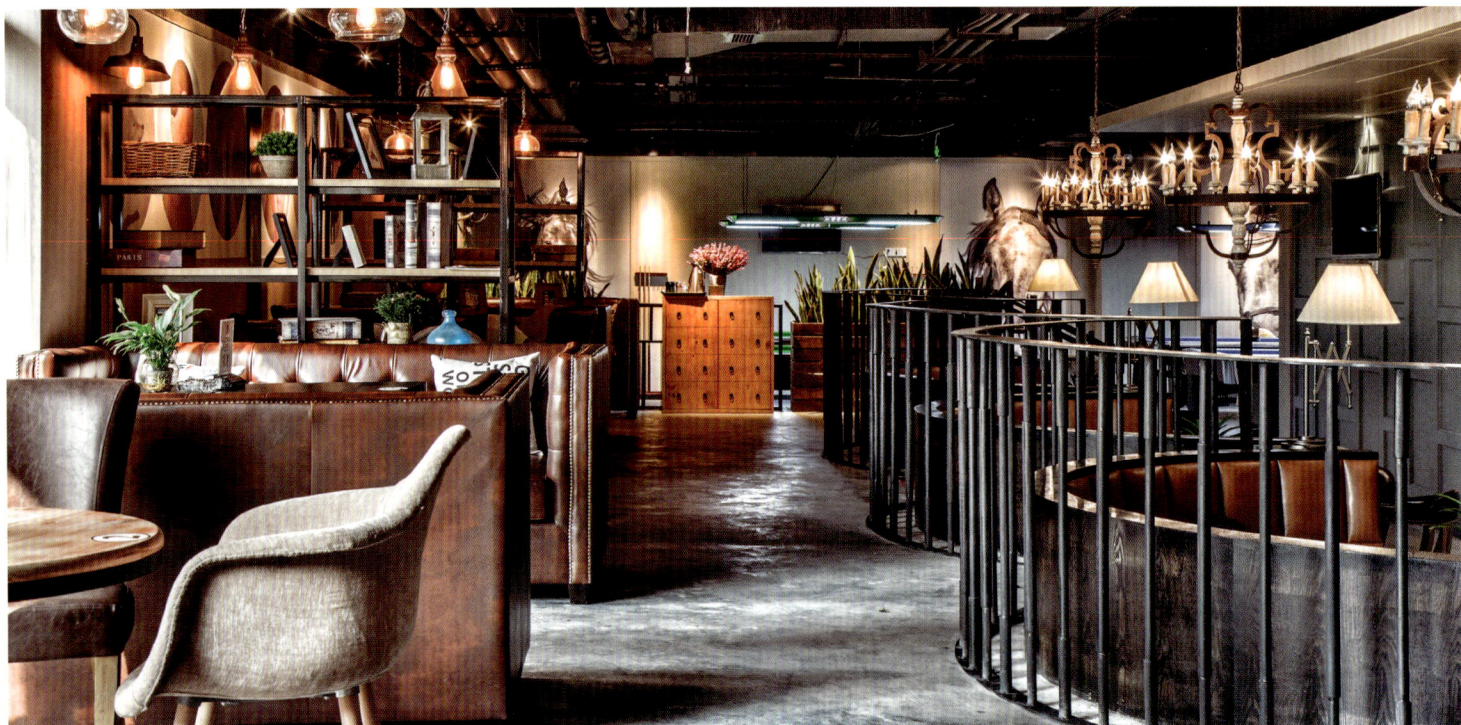

左1、左2:材料的质感表达上尽可能做旧

右1、右2: 墙面有趣的形象大大增加了趣味性

TEA WARE AND TEA

茶具与茶

设计单位：谢天设计事物所
设　　计：谢天
面　　积：1000 m²
主要材料：瓷砖、编织橡胶地毯、乳胶漆
坐落地点：杭州市白云路
完工时间：2014.11

我到现在都一直认为真正的设计师都具有一种分裂的人格，创新与保守、彰显与隐匿、桀骜与顺从、坚守与背叛，在各种社会关系中演绎着，也许是丰富多彩，也许是冷暖自知。

有位文学评论家曾经用饮品比喻过文学作品，有糖水、可乐、卡布基诺、还有茶。这不仅仅只是味道，也与营养和品位无关，而是情绪。是的，我的情绪，我的感觉，坐在那里时充斥着我的那种所期望的感觉。作为设计师，我服务过的对象有各种喜好。回想起来，所做的空间有的像八宝茶，有的像普洱茶，有的像菊花茶。茶具也各式各样，有粗瓷、青花，还有漆器，那都是给别人用的。

这次，是给自己的，坐落在马儿山边的设计公司。从选址开始，就已有了期许，依山而居，阅音修篁，山涤余霭，宇暖微宵。这是一种"淡"和"素"，就像最喜欢的龙井茶。空间的用材与色调也是如此，甚至还围进一款山石，宛是天成。水是不可缺少的，山光水影自在一心。有几处的借景和漏景，就当是设计师做的小游戏，引山水而入室赏玩，自娱自乐而已。"素处以默，妙机其微。"是《二十四诗品》中对"冲淡"的描述，这与我对龙井茶的感受相同。　如果说这空间的感受像龙井茶的话，我希望茶具是透明的玻璃杯。

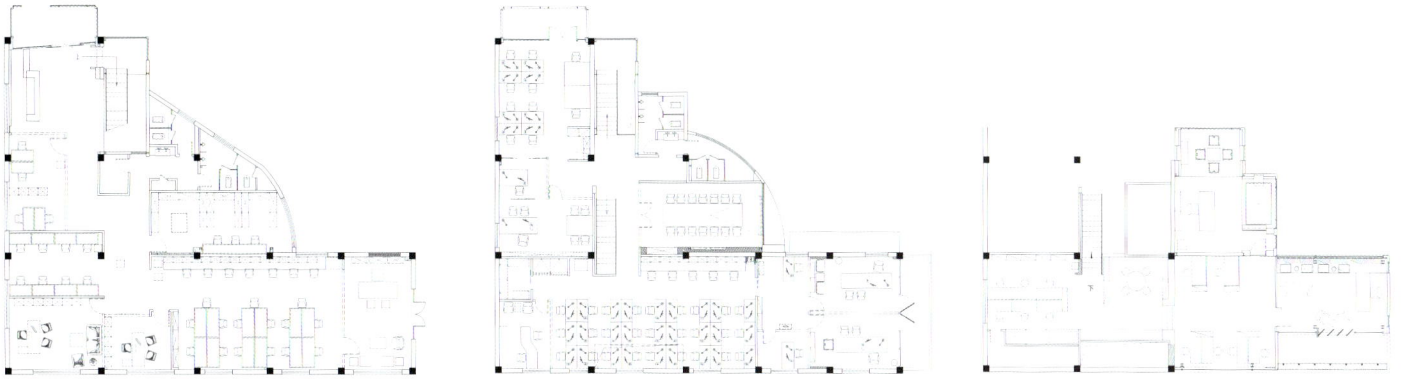

左1：素淡的背景
左2：简洁的楼梯

左1、左3、左4：几处的借景和漏景

左2：笔直的楼梯

右1：敞亮的空间内洒满阳光

QINGTIAN INKSTONE

青田砚

设计单位：阔合国际有限公司

设　　计：林琮然

参与设计：李本涛、姚生、涂静芸

面　　积：室内290 m² / 景观145 m²

主要材料：青石板、木材、黑铁、黑洞石、水泥

坐落地点：上海喜泰路

完工时间：2014.09

摄　　影：黎威宏

以砚为题，青山美田喻青田为意，择青田砚为其名。秉承师法自然，提升品性，在繁华间创造出大隐于市的心灵场所，三五好友品茶论道、把酒言欢、闻香歌韵，青田砚成为同道间人生的港湾、艺术的故乡与沉思的角落，结合美食、创意、艺术的三种元素打造出一种微妙的关系。既是茶馆又是餐厅，既是酒吧又是书院，如此可文可武，平凡又非凡、非家又为家的概念。

青田砚主人平先生是一个对文化有追求的成功企业家，在上海徐汇滨江区原上海开元毛纺原料的加工仓库内，用嫁接的方式生根文人空间，案子由选址到命名、从定性到定量，与设计师互相琢磨。空间的概念借砚台为题，想象在空间内植入一墨池，池边依照富春山居图内山的走势，起承转合间书写抽象而纯粹的千古神韵，在建筑中完成一种内部的自然体验。试图以放大文房四宝的手法，让砚承载更多的思考力量，最终老房子有了新灵魂。将青田砚转化成象征人生的山水美景，推开门，你所能看到的山水，不仅仅是林壑幽深、水象万千，文人的空间源于生活本身，当代的风雅并非一昧守旧与复古，海派文化为基底的当代生活多元而丰富。

依青田砚内部的功能性来划分空间，东西方品味并存，人们入内前须先经过无园门的碎石海，伴随着青石墙上落下的水声心灵更加澄明，坐在原木长凳上小歇。轻轻推开由竹子订制的门把，入户首见迎客的闽南喝茶大桌，顺带茶点看本好书，随手下盘好棋。情长酒更长，品类丰盛的茶点，于雪白如意造型的吧台上小酌，也优雅也豪迈，微醺间望向艺术感强烈的墨黑色山水石砚，欢心聚首间感悟出生活的舒畅，更体会随意的乐趣，享尽人生好滋味。难能可贵的是，偌大砚台还可足浴，而藏在角落的理疗空间更把梁板屋面去除，代替屋顶的雨水池造成镜花水月的感受，是大俗也大雅。

营造初始，设计师借山水意境出发，赋予空间新的生命含意，让文化淬炼的精华，在考究的传统建筑脉落下延展。坚持创意的思索，产生流体造形吧台与砚石休闲区，挑战着工法，也符合机能性，每一分的取舍都坚持以人为本，最终技术上结合数字施作的精工细作，流动曲线在垂直木构老屋中找到了平衡。

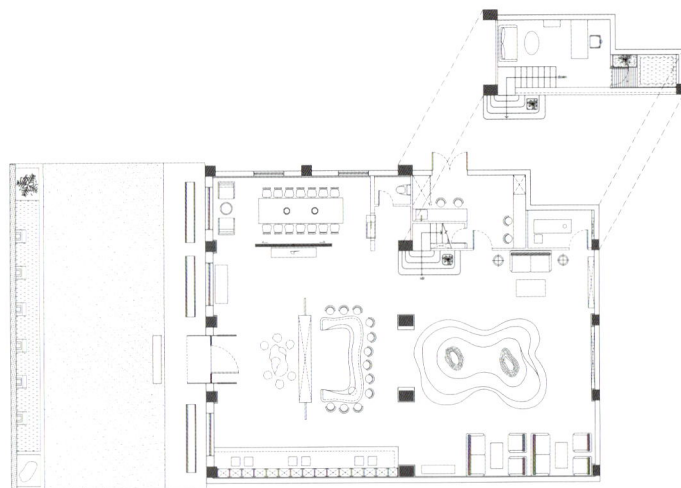

左1：碎石海

右1：喝茶大桌

右2：墨池

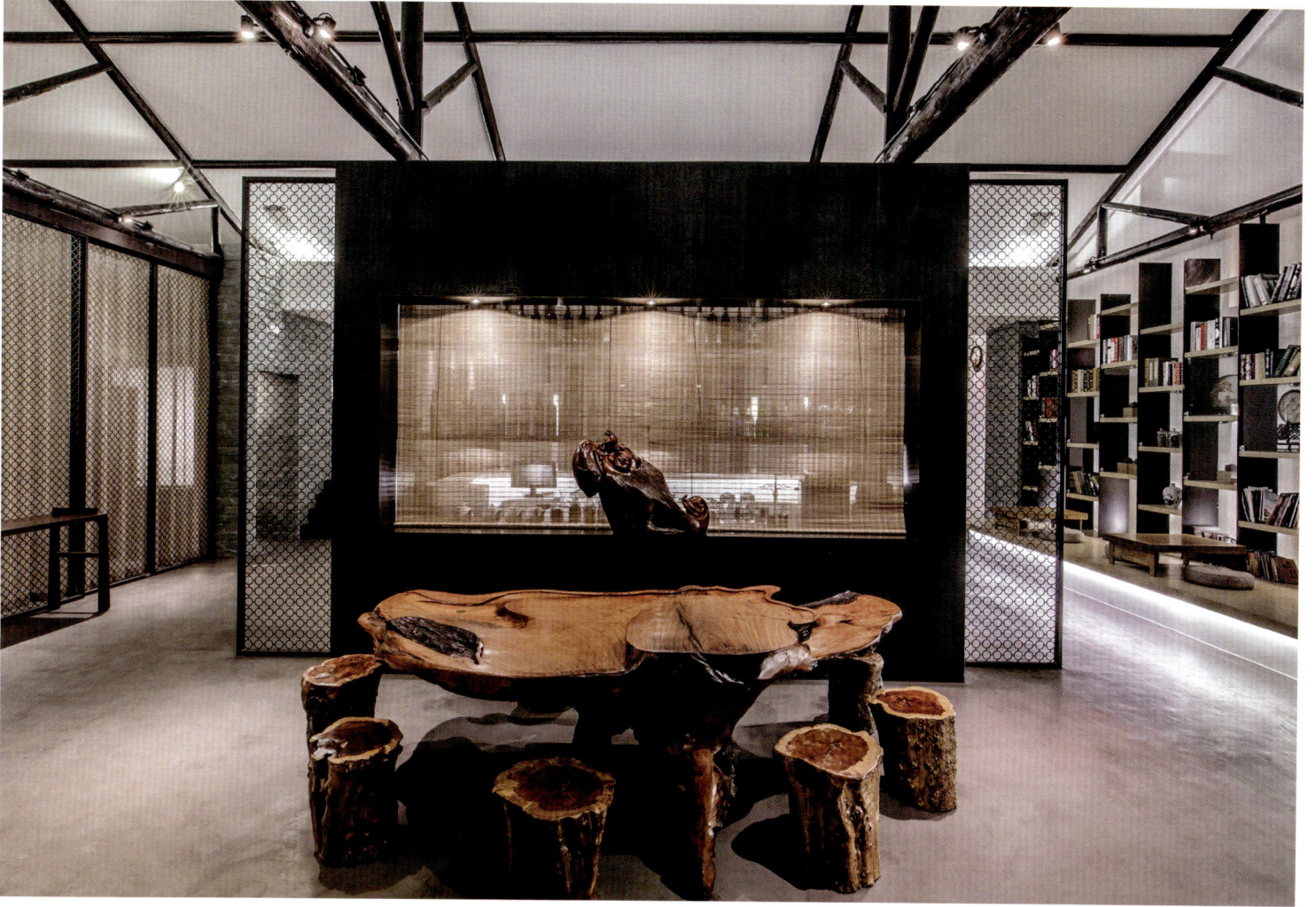

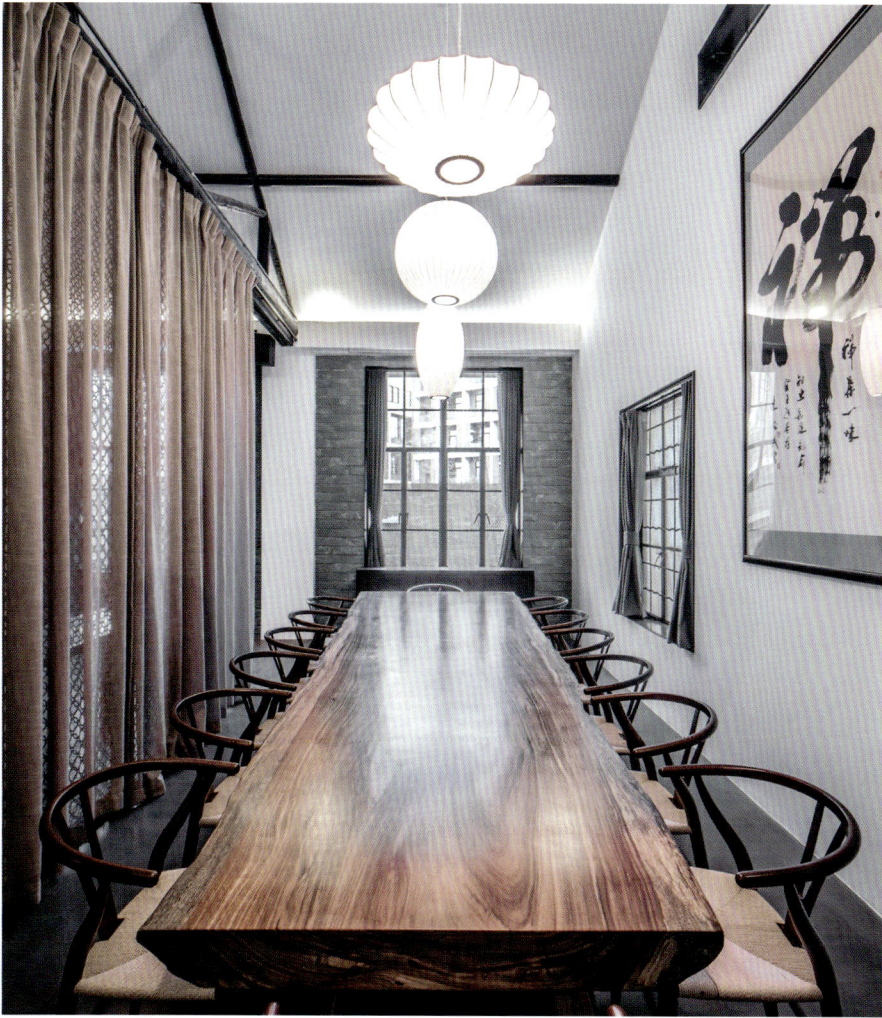

余姚囧网络文化中心

YUYAO JIONG INTERNET
CULTURE CENTER

设计单位：宁波栋子室内空间设计事务所

设　　计：徐栋

面　　积：300 m²

主要用材：玻璃、墙纸、墙布、地板

坐落地点：浙江余姚

完工时间：2014.12

摄　　影：刘鹰

囧网络文化中心通过对 80、90 后网络消费群体的观察和调研，以网络的动态特性为设计基点，以流畅夸张的线条及活跃的色彩为设计元素，打造契合该消费群体的网络文化空间。

设计以时尚的色彩、线条和图案，营造了一个充满动感和现代感的超时空网络游戏空间，以大面积的留白凸显网络视屏图案的玄幻科技。以超现实的潮酷环境让消费者迅速进入状态，增强其认同感，同时让其对会所印象深刻。在空间布局上突破了以往类似项目在布局上的直线呆板，注重于互联网＋时代网络消费特性的把握和满足，以时尚舒适的环境营造新时代的社交聚会平台，以合理专业的布局打造电竞交流的专业平台。

在选材上，快时尚的商业特性要求设计师更多地选用低成本的用料来实现项目成本控制和商业回报效率。为此采用最基础的乳胶漆、地板和玻璃，通过造型艺术和色彩搭配，通过空间的艺术营造和材料特性的发挥，来实现项目所需的科技时代的视觉和空间效果。

项目亮相后，迅速成为余姚乃至周边地区时尚青年和电竞网游爱好者的聚会圣地。

左1、右1：流线型的曲线造型
右2、右3：超现实的潮酷环境

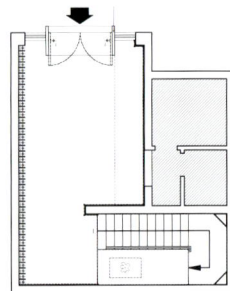

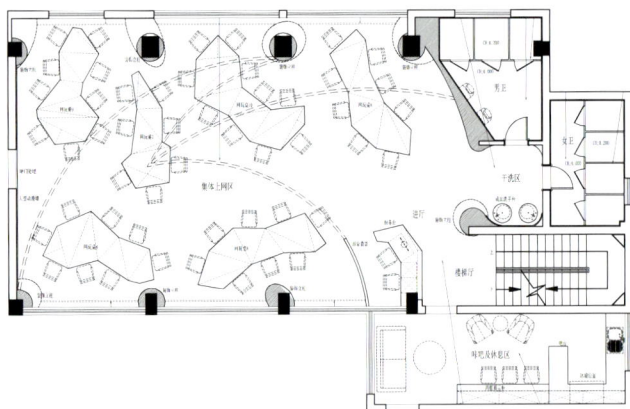

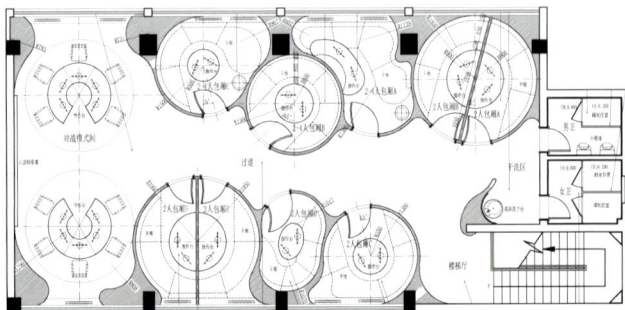

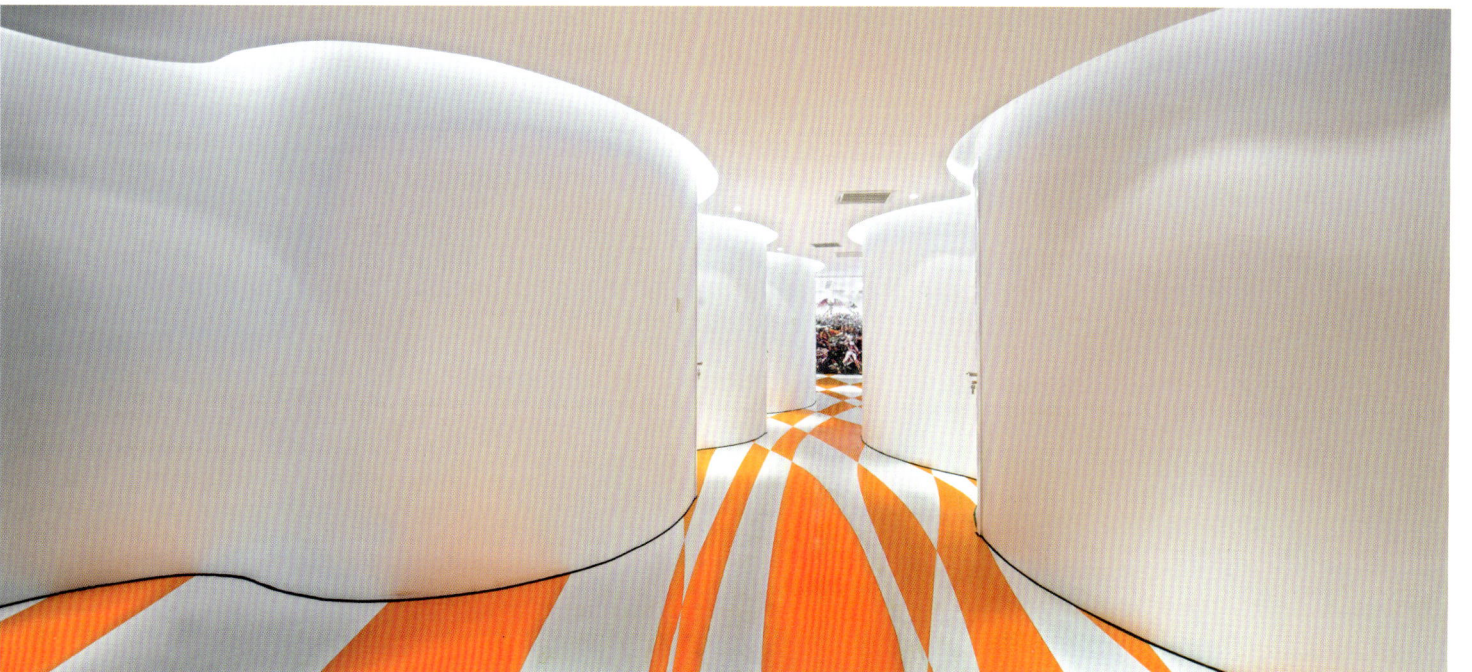

左1、右1：鲜艳的色彩点亮空间
右2、右3：色彩搭配营造视觉效果

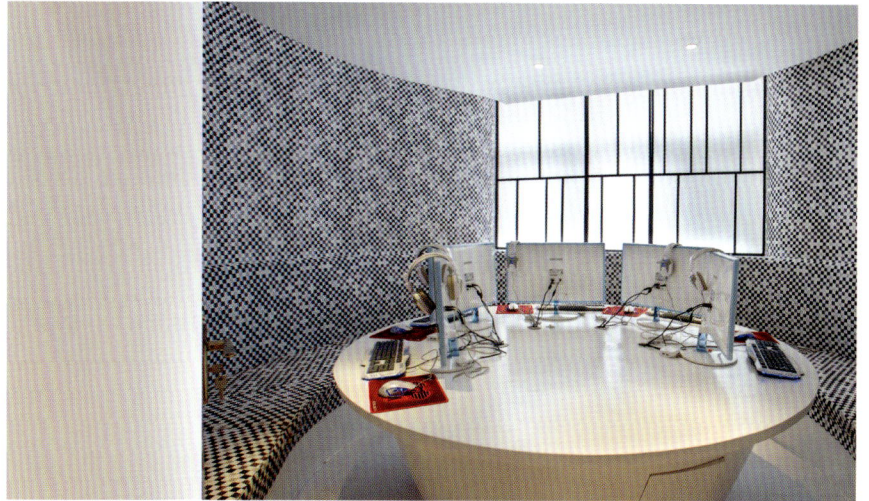

ROYAL FOOT MASSAGE CLUB

皇朝足浴会所

设计单位：常熟市虞山镇张继红装饰设计工作室

设　　计：张继红

面　　积：1200 m²

主要材料：木纹砖、青砖、麻布硬包

坐落地点：南通海安

摄　　影：金啸文空间摄影

本案中的新中式设计风格摒弃了现代简约风格的呆板与单调，在空间设计、材料、色彩、家具和陈设上，对传统文化符号进行再创造，使之融入空间，古色古香又简约时尚，没有喧嚣与繁冗，一派宁静悠远。

皇朝足道的空间设计融入现代设计语言，为现代空间注入凝练唯美的中国古典情韵，定制了很多陶罐、铁艺构件，使这个普通空间彰显出不平凡的一面。墙面人物线描由设计师亲自手绘，楼梯墙面上的荷花与鱼的动态与墙面文字的静态相结合，营造一种静谧的休闲氛围，与足道这一主题融合得恰到好处，极具艺术效果。整体用中式元素来营造丰富多变的空间，达到步移景异，小中见大的设计效果。

一个好的设计，是物质与精神的融合，是共性与个性的共存。本案设计用简洁、秩序的外显特征塑造了宁静致远的空间灵魂，回应了现代生活的功能需要，丰富、深邃的内涵感悟满足了现代人的精神需求。正如墨西哥设计师路易斯·巴拉干所说的："没有实现宁静的建筑师，在他精神层次的创造中是失败的。现在的建筑物不仅缺乏静谧、静默、亲切和惊奇这类概念，连美丽、灵感、魔力、魅力、神奇这类词汇也消失了，而所有这些才是我心灵的渴求。"

左1：宁静悠远的空间意境

右1、右2：墙面的人物素描由设计师亲自手绘

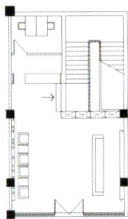

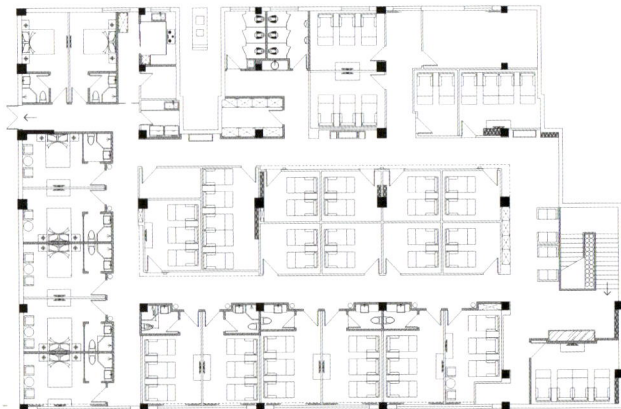

左1：定制了很多陶罐
左2：走廊地面的木纹砖
右1、右2：足疗室

HAIRCUT STAGE

剪发舞台

设计单位：米凹工作室

设　　计：周维

参与设计：许曦文、杜米力

面　　积：210 m²

主要材料：亚麻地毡、松木板、白色烤漆钢板

坐落地点：杭州万象城

摄　　影：苏圣亮

项目位于杭州万象城，店铺单元本身为不规则形平面，我们不希望店铺的边界成为空间上的制约因素，而是要创造一个流动、均质、可无限延展的单纯空间。

设计中使用的材料本身并不花哨，仅用来表达抽象的形体及其内外关系。连续变化的吊顶、安装其中的射灯及整片的光膜暗示大空间内含有的多个功能分区。剪发区被放置在店铺最显著的位置，顶部覆以大面积光膜，照度与显色性俱佳的灯具既满足了发型师的工作需求，更使整个剪发区呈现出舞台一般的效果，发型师即舞台上的主角。45度角放置的剪发镜，使发型师的每一次表演即使在店铺外也可被感知。镜柜的设计以整体空间感受为出发点，镜面与镜框的组合只反映出空间本身所存在的反射与穿透的关系，镜柜在空间中的存在感被弱化，人及其行为成为唯一的焦点。

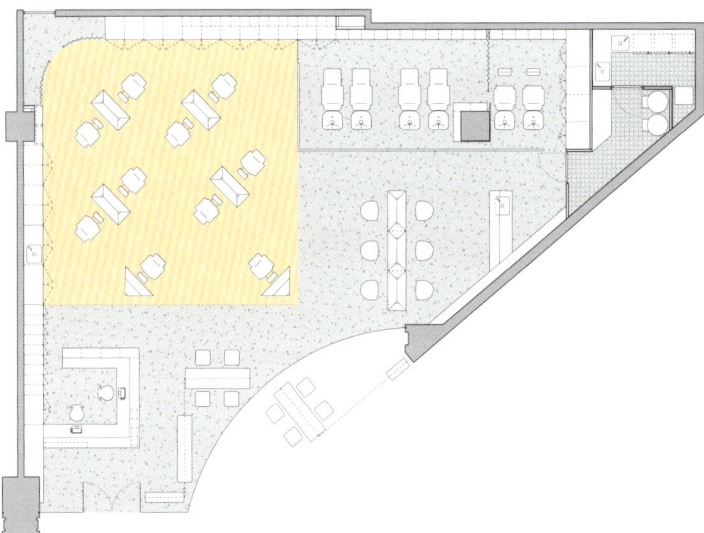

左1：外景

左2：入口

右1、右2：以45度角放置剪发镜，使每一位顾客与发型师的互动可被识别而干扰被减小

左1：镜柜的设计以整体空间感受为出发点

右1：烫染区

右2：洗发区矮墙与顶对应

右3：洗发区，安静氛围

XIYUAN TEAHOUSE

汐源茶楼

设　　计：王践
参与设计：毛志泽、蓝兰婉
面　　积：480 m²
坐落地点：宁波市海曙区月湖盛园
摄　　影：刘鹰

人类自古亲水亲木，茶文化即水文化，用不着设计师过分渲染，将着力点放在木质材料的运用上。建筑结构及朝向决定了空间的格局，只不过设计师认为点状围合的包厢无法形成人气的聚集，所以争取到了一块足够大的空间作大厅。在表现技法上摒弃传统茶楼设计惯用的古法，拒绝符号化设计和元素堆砌，现代工艺加工还原的仿古再生木材、素色水泥、钢板钢筋以及当地产的粗麻绳串起整个空间的气质，人在草木中，强调本色与质朴的时尚。共享空间强调仪式感，体现名堂的功用。包厢部分则注重私密与舒适，在规制和自在中寻求一种平衡。

如果说空间就是一个容器的话，设计师希望动与静，传统与时尚在此穿越，颠覆与迭代在此交融。以器贯气，以空注灵，在有限的空间内让茶气和人气灵动起来。

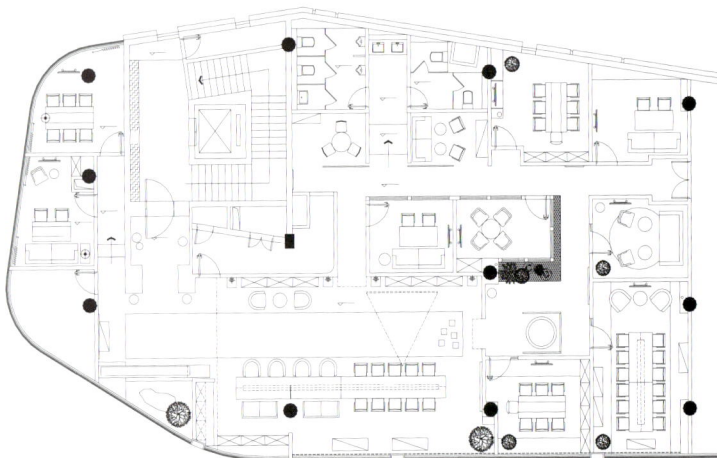

左1：表演者
右1、右2、右3、右4：细部装饰

左1：粗麻绳悬吊在空中
左2：钢筋窜起的空间
右1：质朴的本色家具

左1：古色古香的家具饰品
右1、右2：小景
右3、右4：墙上是古典趣味的装饰画

长沙东怡外国销售中心

CHANGSHA DONGYI
WAIGUO SALES CENTER

设计单位：广州华地组环境艺术设计有限公司

设　　计：曾秋荣

参与设计：曾冬荣、张伯栋

面　　积：2470 m²

坐落地点：湖南长沙

完工时间：2014年

摄　　影：黎泽健

本案为室内改造项目。设计上运用了中国传统建筑中的庭院概念，打通四、五层楼板，植入露天庭院，引入水、石、植物、阳光等自然元素。在原封闭的空间中营造出一个自然且流动透明的诗意平台，希冀在商业空间中彰显自然的力量，确立人与自然和谐共处的理念，充分满足人文艺术交流的现实需求，真正实现建筑与环境的共融共生。

设计上采用以小见大的表现手法来实现室内外空间与自然条件一体化的整合设计。造景尊崇自然之美，方寸间见山林，寓无限意境于有限的景物之中。端景为陨石由中心爆炸扩散而成，将宇宙生态融入都市生活之中，令人能够在咫尺之间体验大自然的恢弘博大和时空变幻之美。在立面材料的使用上，追求现代简洁，对"多"与"繁"进行理性制约，使人在现代商业社会的繁重束缚之下获得一种回归本真的轻盈和闲适。

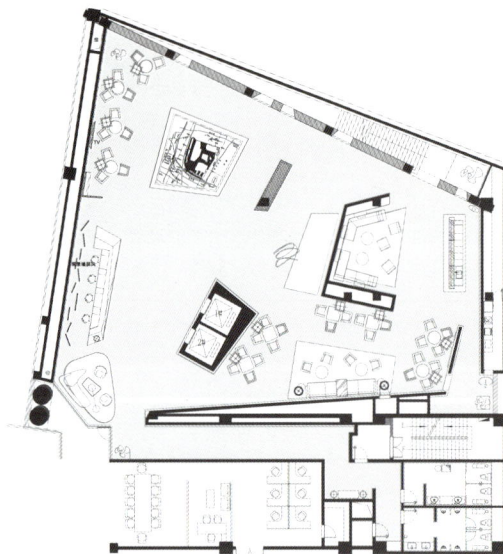

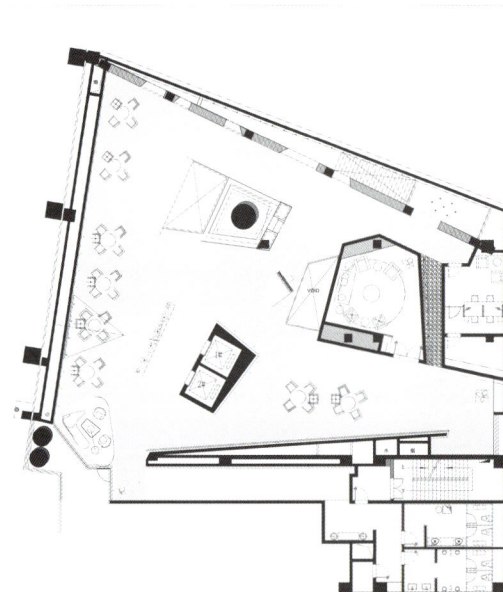

右1：诗意的商业空间
右2：四层楼梯端景
右3：室内一景

CHINA RESOURCES LAND
LTD. XINGFULI SALES
EXPERIENCE CLUB

华润幸福里销售体验会所

设计单位：深圳市朗联设计顾问有限公司

设　　计：秦岳明

参与设计：王建彬、肖润、何静

面　　积：1330 m²

主要材料：古铜色不锈钢、桃花芯木、银白龙石材、皮革

坐落地点：南宁

摄　　影：井旭峰

现代城市中心，繁华喧嚣之地，附和，但不尽然。以空间之名，塑造心灵休息之所，以自然之意，构建城市绿洲。以"林"为主题，"简于形，而精于心，于形，而非于色"，结合现代艺术的表现形式，营造城市绿洲的氛围，引申出寒山石径斜，白云深处有人家的想象，让人沉浸其中。

时而如高耸矗立的大树，时而如蜿蜒交织的藤条，时而又如同罩上了层层叠叠的大网，光影交织，斑驳点点。配合黑色材质，营造强烈视觉冲击效果及神秘感，沉稳中带着新颖，高贵中透露着时尚，传达一种自然而然的心灵贵气，打造时尚与自然完美结合的高品质空间。

左、右1：室内光影交织
右2、右3：大厅一景
右4：灯光如同层层叠叠的大网

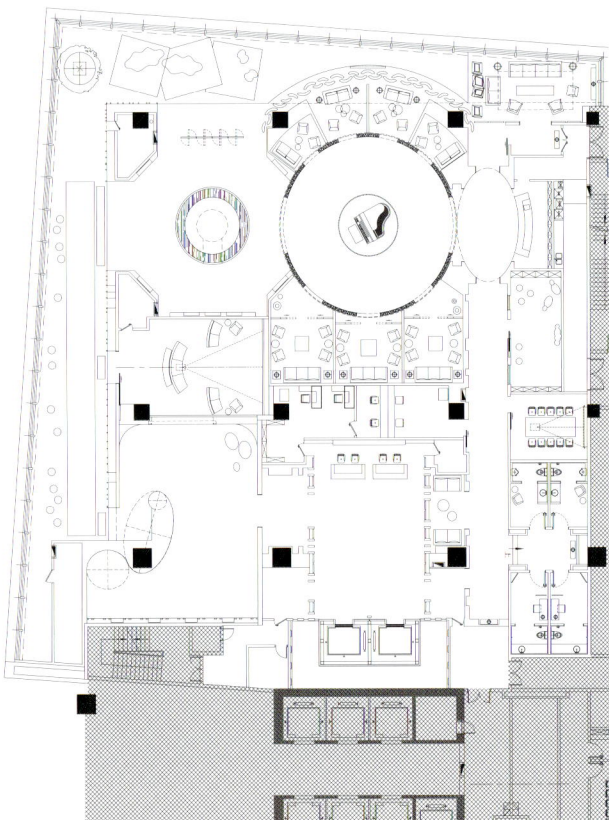

左1、右1：走道一景
左2、右3：洽谈休息区
右2：灵动的室内装饰

REALM OF CONVERGENCE

弥合之境

设计单位：彩韵室内设计有限公司

设　　计：吴金凤、范志圣

参与设计：黄桥、郑卫锋

面　　积：1670 m²

主要材料：精品黑板岩、天然柚木钢刷、天然石材薄片

坐落地点：台湾新北市

完工时间：2014

摄　　影：游宏祥

疾行的节奏，至此都和缓，四方萦绕的池水、风雅的古旧陶瓷，点映于实木与天然石共构的建筑主体，量体大而蓄涵，接引方直而生动的内外线条，材料应着空间展露其裸生的不伪然质地如诗词之衬字，扬抑语气，眺凝意境。

木、石等自然元素，透过大面积落地窗毫无窒碍的引入室内，空间的配置朝横轴拉展，自有舒张之意气；廊道两侧，接待柜台与洽谈区域隔着黑石勾边的木质地坪板材互应排铺，主空间右侧，可经由户外沿廊曲径通往视听放映室与模型展示空间，左侧则邻接三间样品屋。整体室内空间的布局及动线依使用机能作出明确分划：厅堂、回廊、院落、边间，再现古典大家宅邸的行走经验；置中、转缓、明快的空间格局，取样自现代设计的收弛有度。

四座石板墙作为个别洽谈区的隔分屏幕，精心量制的厚度恰可嵌入平板屏幕，深色木桌、淡灰沙发绝无奢华高调，而是在望向窗边由交织铁件所框画的水景与碧景，彼时，随同心境，自身、外物亦不再截然有别，如同这座侧居高楼群落一隅的水榭亭阁，悠然隐于市。

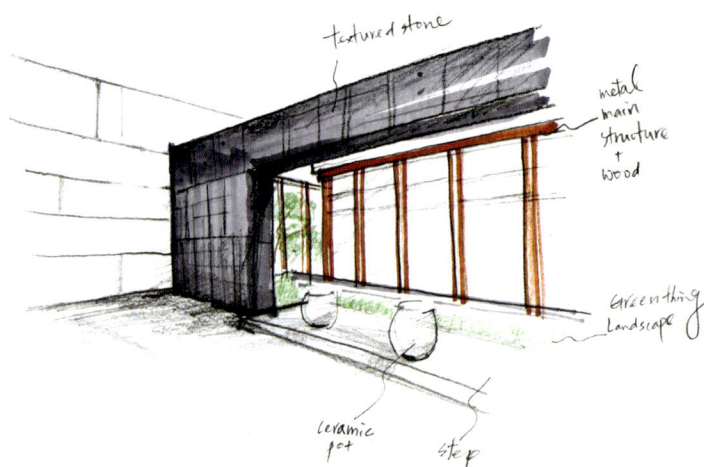

左1：外部全景
右1、右4：绿植装饰
右2、右3：室内一角

左1、左2、左3：走道一景
右1、右2：洽谈休息区

水湾1979当代中心

WATER BAY 1979
CONTEMPORARY CENTER

设计单位：于强室内设计师事务所
设　　计：毛桦
面　　积：900 m²
坐落地点：广东深圳
完工时间：2014.08

有着"改革开放第一村"之称的水湾村，是蛇口改革开放的最前沿，也是中国现代历史发展的一个缩影。开发商为了纪念这段影响中国的历史，将项目名确定为"水湾1979"。

水湾1979售楼中心的设计，以"RUNWAY秀场"概念为主线，每个走过"T台"的人都是主角，在艺术化的空间场景中，感受时光之轮转，并可以从中看到水湾的历史、现在与未来之间的脉络。艺术感的"T台"由彩色瓷砖拼花铺设而成，天花垂落的吊饰装置则从当代艺术家徐冰的作品《天书》演变而来，沿途造型各异的展示区展出的是当代艺术家的作品，晕染着从乳白色玻璃里透出来的灯光，让人沉醉在这一段充满未来感的奇幻旅程里，近距离感受艺术之美。

令艺术与设计真正有效结合，是开发商对该项目的期待，也是我们做空间设计时的出发点。项目完成正式开放时，也由最初定位的"售楼中心"，更名为"当代中心"，成为了深圳文化艺术等各个圈层交流聚会的根据地。

左1：洽谈休息区
右1、右2：休息区近景

左1、右1、右3：充满艺术感的室内装饰
右2："T台"由彩色瓷砖拼花铺设而成

SALES CENTER OF WUXI

无锡灵山·拈花湾售楼中心

LINGSHAN NIANHUAWAN

设计单位：禾易HYEE DESIGN
设　　计：陆嵘
参与设计：李怡、苗勋、王玉洁、项晓庆
面　　积：约2200 m²
主要材料：实木、竹子、布朗灰石材、黑蝴蝶大理石、清镜、藤编、竹帘
坐落地点：无锡灵山

本案所有的室内设计均基于前期精心的项目定位、策划，才度义而后动，一气呵成。在设计构造上，运用了"竹、木、水、石"这些最简单的材料。取竹之气节、水之灵动、木之温润、石之坚韧。摒弃了刀劈斧凿的痕迹，保留其古朴与天然的味道，旨在为来到这里的人们营造轻松从容、潇洒写意的禅意氛围。

入口处主题艺术装置为该空间设计的精神堡垒，天然竹节通过透明鱼线串联组合成了一个"天圆地方"，透过中心孔洞，后面是一幅由天然材质拼贴而成的、气势磅礴的巨幅水墨山水画，在底下薄薄一汪清泉缓缓涌动下如梦如幻；清风过处，水波浮动，连同联接天地的管竹相互共鸣……

步入二层，映入眼帘的是灰白砂石铺设的枯山水，上面布满了大小各异的鹅卵石，踩踏之下，才知那厚实柔软的触感原来是几可乱真的地毯，走几步还能感受到水波荡漾起伏的层层纹理。随意靠在鹅卵石之上的沙发上，这种视觉和触觉的冲撞感十分有趣。

末端小竹亭掩映在一层自天而下的半透明纱幔里，它有着个直白的名字——发呆亭。顾名思义，在这里唯一需要做的事就是发呆而已——偶尔发发呆放放空、远离都市的尘嚣和烦忧，真应了一沙一世界，一花一天堂。在禅意的角落里，人们能够忘记生活的烦躁，在静谧中"诗意地栖居"。

左1：大堂
右1、右2：休息洽谈区
右3：多功能大厅

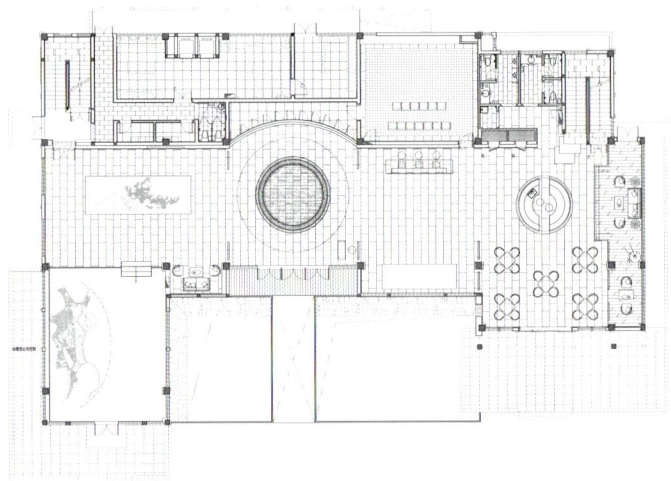

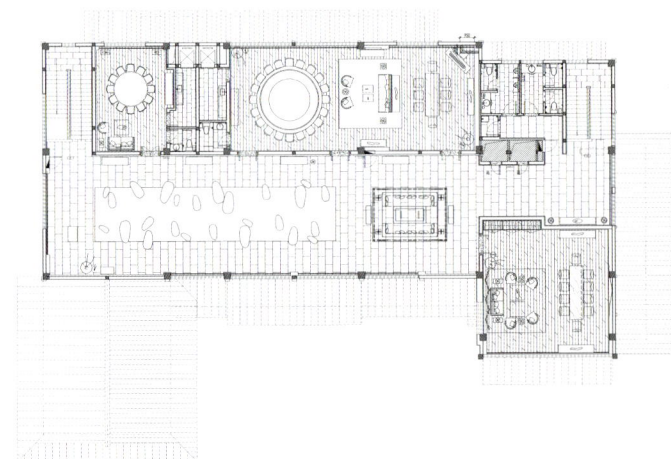

左1、左2: 展示区
右1: 多功能大厅
右2: 洽谈休息区
右3、右4: 接待室

ZIYUE MINGDU SALES
OFFICE

紫悦明都售楼处

设计单位：佛山硕瀚设计有限公司

设　　计：杨铭斌

面　　积：550 m²

主要材料：木饰面、硬包、古铜色不锈钢

坐落地点：广东佛山

完工时间：2015.01

摄　　影：Beni Yeung

"美学的生活，就是把自己的身体、行为、感觉和激情，把自己不折不扣的存在，都变成一件艺术品。"这是法国哲学家 Michel Foucault 说的。

一直以来，建筑设计师都意识到"对称"的重要性，对称是很自然的东西，包括我们的身体。对称也影响着人们对空间的观感，并成为设计美学中一个重要的原则。

当人在对称的空间里会感觉平衡和舒服。而我们看到这个项目原始建筑结构时，觉得是个有趣的空间，八分之一圆形的弧线内部空间，因此我们结合项目功能需求以及商业定位，以轴线为中心动线，将弧线的内部空间规划每一功能区域。所设计的每一个空间与立面通过思考而选定物料，再运用物料创造出空间的比例构图。最终目的不是只追求空间的构图美，而是使每个空间都能反映出应有的特质与功能，也让体验者能够在其中感受生活。

左1：大堂
右1、右2：休息洽谈区
右3：休息区俯拍图
右4：室内一景

ZHONGSHAN RUNYUAN
SALES OFFICE

中山润园售楼处

设计单位：大观•自成国际空间设计

设　　　计：连自成

参与设计：曹重华、孙杰

面　　　积：935 m²

主要材料：影木、胡桃木、水云石大理石、灰镜

坐落地点：上海

完工时间：2015.01

摄　　　影：张嗣叶

"竹林下，小溪旁，遥望山峦叠翠，抬头即蓝天"这样桃花源般的景致，可以说是都市人对于闲适生活的全部梦想。

步入售楼处大厅有一种置身于鸟笼的视觉想象，它是对蝈蝈笼原型的再创造，也是整个空间里"最生活"的一部分。熟悉中国历史的人大都对这一物件不陌生，在古代它常出现在达官贵人手中用来把玩，是尊贵和休闲的标志。将它设立在售楼处最显而易见的地方，旨在传递一种情愫：以鸟笼之名致敬历史，令中国风得以具象体现的同时，也让"偷得浮生半日闲"的惬意弥漫至整个空间。

在整个售楼处设计中，处处弥漫着写意自然的气质，仔细观察不难发现，细节之处的考究才更能突出其尊贵奢华的本质。悬挂于大厅中央的"万重山"由25万颗璀璨的水晶组成，是6名经验丰富的技师耗时2个月的心血所得。它以连绵山峰的造型出现，并且和门口的桃花搭配，不仅映衬了传统中国风的主题，也在一定程度上彰显了售楼处大气磅礴之势。

在这里，从微观世界看自然的景象，中国写意的山水意境全盘托出，这也是设计师所表达的场所精神。另外，从饰品的选择到细节的控制，每一步都极具考究。因为市场上的手法难以满足设计师对于空间的期望，因此这里的装饰品全部私人订制。

左1：入口水池

右1：入口接待处

右2：水吧台

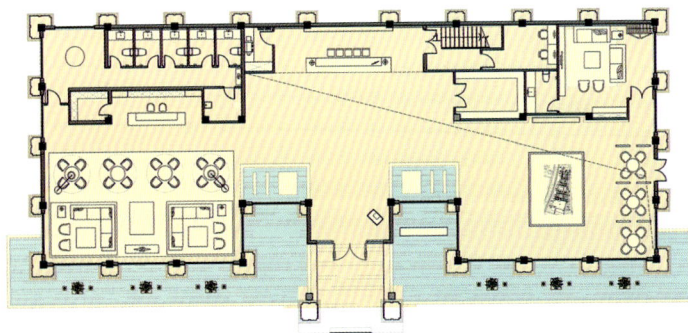

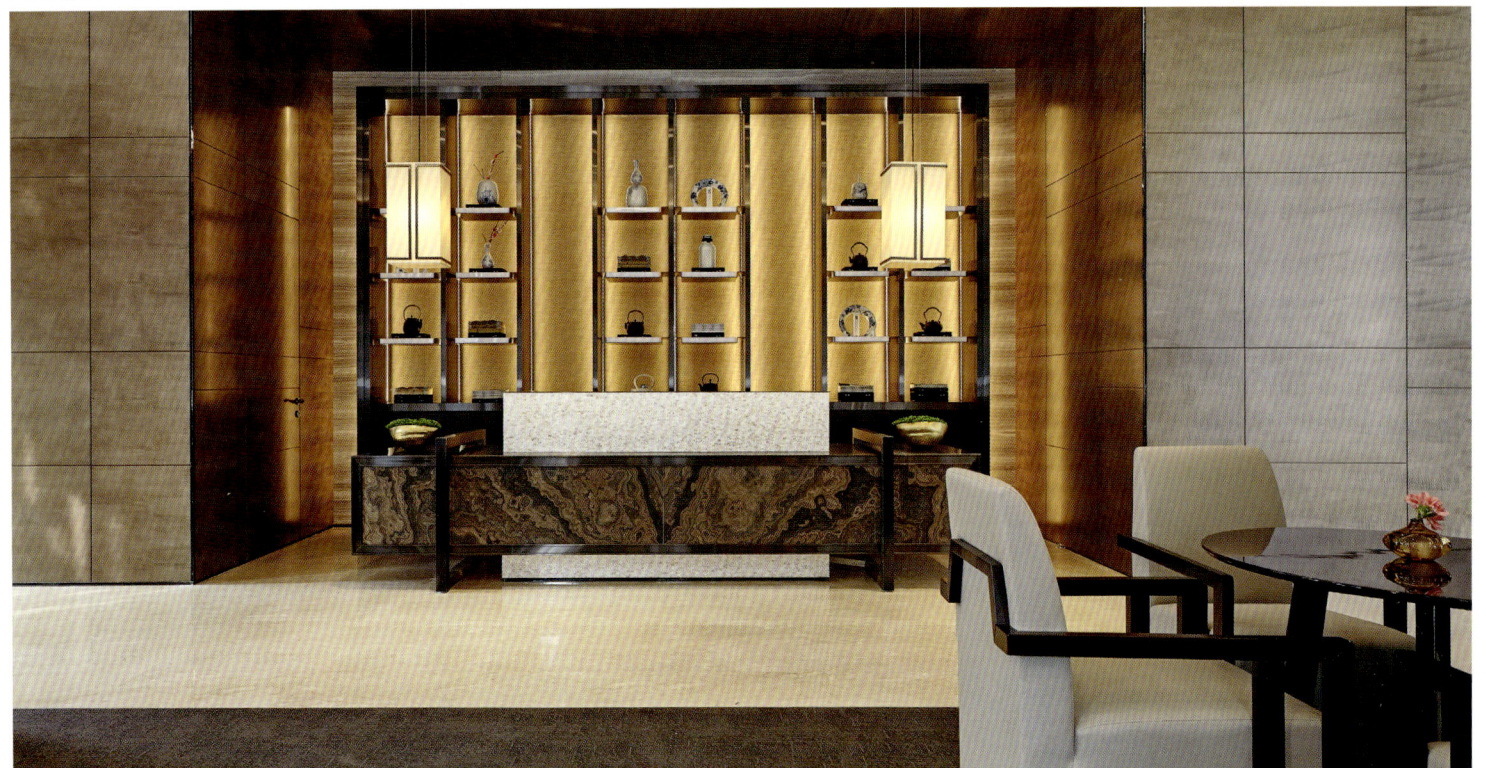

LOTUS SQUARE ART
CENTER

莲邦广场艺术中心

设计单位：台湾大易国际设计事业有限公司
设　　计：邱春瑞
面　　积：3000 m²
主要材料：钢材、低辐射玻璃、大理石、木饰面
坐落地点：珠海

项目位于珠海横琴特区横琴岛北角，享有一线海景，与澳门一海之隔。整体项目从"绿色"、"生态"、"未来"三个方向规划。从建筑规划设计阶段开始，通过对建筑选址、布局、绿色节能等方面进行合理规划设计，从而达到能耗低、能效高、污染少，最大程度开发利用可再生资源，注重建筑活动对环境影响，利用新的建筑技术和建筑方法最大限度挖掘建筑物自身价值，从而达到人与自然和谐相处。建筑造型以"鱼"为创意，采用覆土式建筑形式，整个建筑与周边环境融为一体，外观像一条纵身跃起的鱼儿。覆土式建筑形式可供市民从斜坡步行至艺术中心顶部休闲娱乐，同时可观赏珠海、澳门景观。建筑中心区域通过通透屋顶处理，建立室内外灰空间，从视觉上形成室内外一体景观。周边结合园林绿化通过水景过渡及雕塑、装置艺术品等设置，增加艺术氛围，形成滨海的、艺术的、人文的、自然的公共休憩场所。

室内是建筑的延伸。首先考虑建筑外观及建筑形态，在满足审美和功能需求后把建筑材料、造型语汇延伸至室内，把自然光及风景引进，室内各个楼层紧密联系，人文环境相互律动。室内分两层，展示和办公，在硕大似窈窕淑女小蛮腰的透光薄膜造型下，可纵观综合体项目的规划3D模型台。阶梯式布局采用左右对称设计，左边上、右边下，可欣赏窗外风景。靠近澳门一面是全落地式低辐射玻璃，在满足光照前提下，可观赏澳门美丽风光。绕着一个全透明类似于椎体玻璃橱窗，这里是整个建筑体最高处，达12米，可到达2层办公区域。通过圆柱形玻璃体内侧的弧形楼梯可达建筑屋顶，澳门和横琴景色尽收眼底。

左1：外观像一条纵身跃起的鱼儿
右1、右2：整个建筑与周边环境融为一体
右3：弧形楼梯

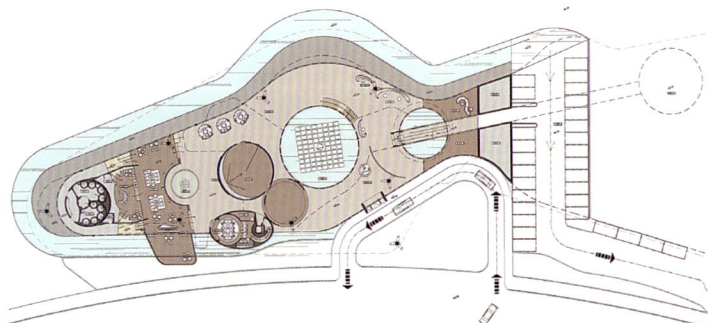
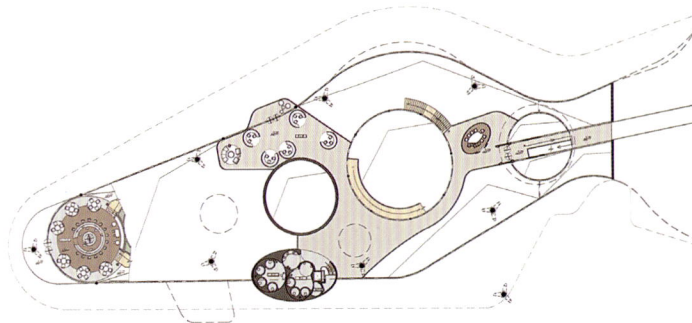

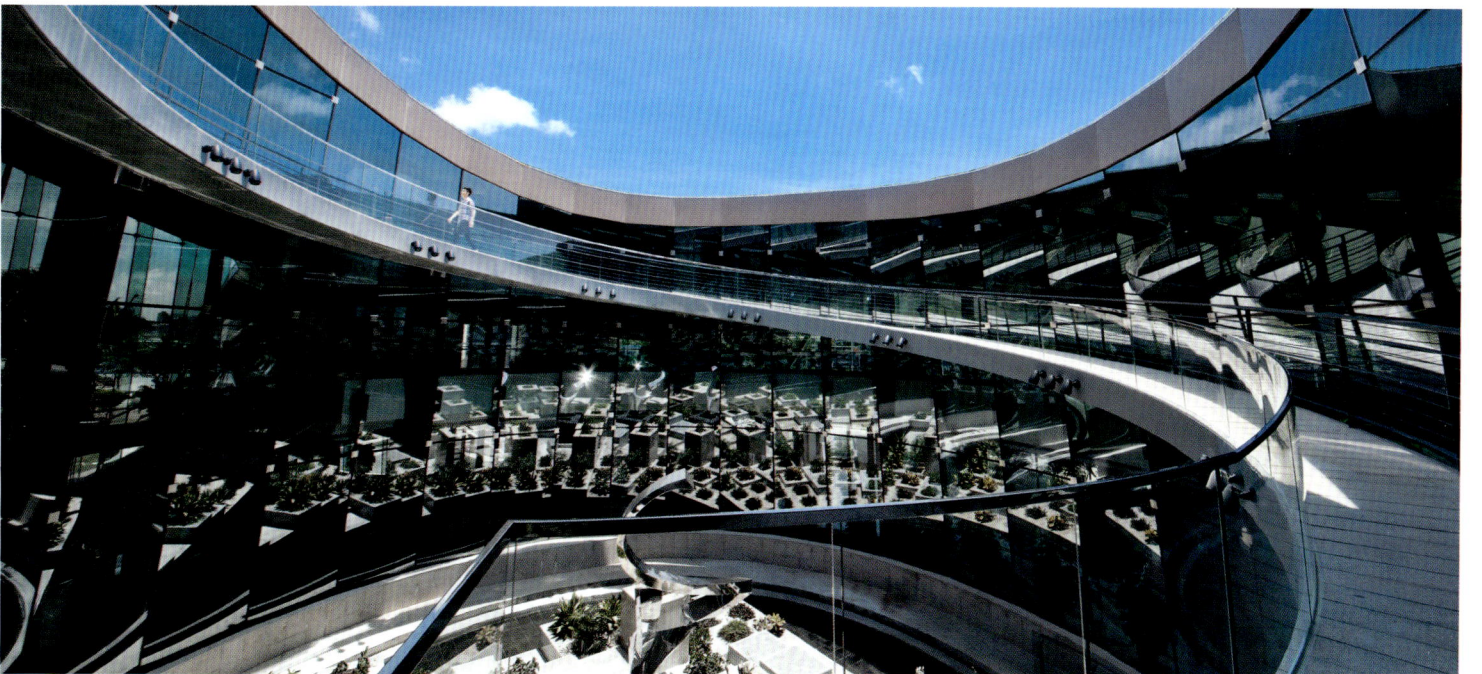

左1：弧形楼梯俯拍图
左2：洽谈休息区
右1、右2：大堂一景

SALES AND EXHIBITION
CENTER OF SUZHOU
ZHONGRUN

苏州中润售展中心

设计单位：杭州海天环境艺术设计有限公司
设　　计：姚康荣、郭赞
参与设计：胡俊敏
面　　积：2100 m²
主要材料：造型冲孔铝板、定制石膏板、大花白大理石、PVC圆管、木纹防火板
坐落地点：江苏苏州
完工时间：2014.08

苏州中润售展中心地处苏州高新区，总建筑面积为 2100 平方米，占地面积为683 平方米。由于该地块处于两条道路的交叉角，用地形式为类三角形，为了充分利用地形，所以建筑形式选用三角梯形块叠加组合成三层的建筑单体。每层梯形块与下一层形成错切，强化了各体块的冲击力。建筑表皮选用三角穿孔铝板，图案选用三角形旋转 60 度，形成六角形的模块，类似于蜂窝组合，延续了整个建筑表面，独特新颖且具有现代时尚感，强调了地产企业的品牌形象。

建筑设计为三个楼层，结构类型为钢结构，高度为 14.1 米。为了体现建筑的层次感与多变性，在内部钢结构柱网关系不变的前提下，把三个楼层的外表皮造型运用了错切及叠加的艺术手法进行了重组，让建筑在视觉上更具动感与活力。整个建筑外表面材质均包裹冲孔网状的装饰铝板，使建筑在保证通风与采光的前提下更加完整和统一。

售展中心内部空间按功能内设 11 米高的展示中庭，由二层的檐口开始逐层内退，形成梯田式的形体，丰富了非对称的梯形内部空间。在逐层内设置灯带，形成向上内凹的渐变灯带，强调了空间的形式感。另外一层还设置了大堂吧、接待中心、展示区、贵宾室以及后场办公区。二层局部设置了会议区、办公区以及员工餐厅。

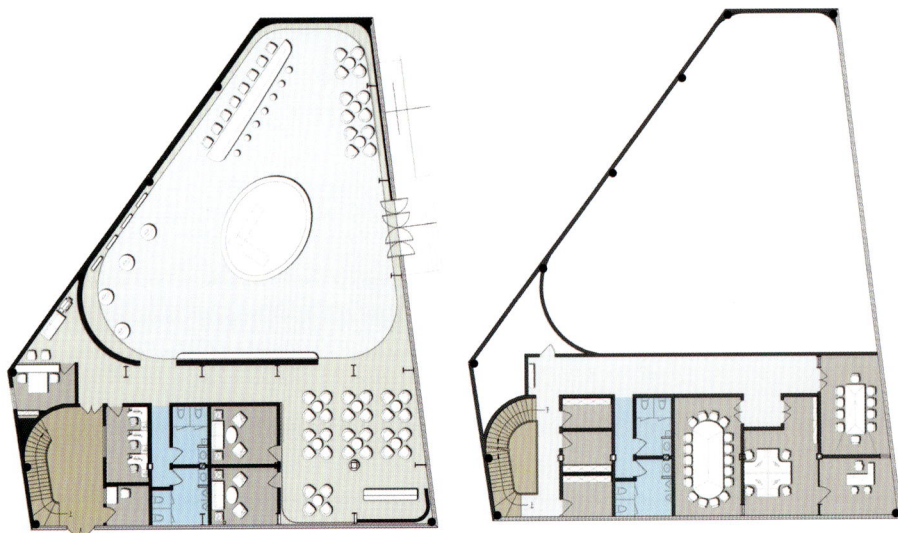

左1、右1：建筑表皮选用三角穿孔铝板
右2：前台
右3：沙盘区
右4：梯田式造型